MATLABによる システムプログラミング

— プロセス・ロボット・非線形システム制御から
DCS構築まで —

鄧　明聡
姜　長安　共著
脇谷　伸

コロナ社

「MATLABによるシステムプログラミング」初版1刷正誤表

箇所	誤	正
式(3.3)	$\frac{1}{\sqrt{2\pi j}}\int_{\sigma-j\infty}^{\sigma+j\infty} F(s)e^{st}dt$	$\frac{1}{2\pi j}\int_{c-j\infty}^{c+j\infty} F(s)e^{ts}ds$
上から2行目	で定義される。	で定義される。ただし、cに実定数である。
表3.1	$\int_0^\infty x(t)dt$	$\int_0^t x(\tau)d\tau$
例題3.2上から2行目計3か所	[m²/s]	[m³/s]
図3.3	$0.623K$	$0.632K$
下から1～2行目計2か所	m²/s	m³/s
プログラム3-1内上から7行目	[m^2/s]	[m^3/s]
式(3.24)	$M\frac{d^2y(t)}{dt}y(t) - D\frac{dy(t)}{dt}y(t) + ky(t) = u(t)$	$M\frac{d^2y(t)}{dt} + D\frac{dy(t)}{dt} + ky(t) = u(t)$
下から5行目	$\zeta = \sqrt{\frac{D^2}{Mk}}$	$\zeta = \frac{1}{2}\sqrt{\frac{D^2}{Mk}}$
プログラム3-2内上から13行目	10	60
図3.8	$\frac{K*omega}{omega^2 \cdot s^2 + 2*zeta*omega*s + 1}$	$\frac{K*omega^2}{1 + 2*zeta*omega*s + omega^2}$
図3.9		
式(3.43)	$\frac{D+K_eK_\tau}{K_\tau}$	$\frac{RD+K_eK_\tau}{K_\tau}$
式(3.44)	$\frac{D+K_eK_\tau}{K_\tau}sY(s)$	$\frac{RD+K_eK_\tau}{K_\tau}sY(s)$
式(3.45)	$\frac{K_\tau}{s(LJs^2+(LD+RJ)s+D+K_eK_\tau}$	$\frac{K_\tau}{s(LJs^2+(LD+RJ)s+RD+K_eK_\tau}$
上から12行目	図3.12に示す。	図3.12に示す。なお、Stepブロックのステップ時間は0.01秒に設定している。
上から10行目	(D+K_e*K_t)	(RD+K_e*K_t)
下から8行目のgrid onの下に追加	xlim([0, 0.2])　%x軸の表示範囲を指定	
下から2行目のgrid onの下に追加	xlim([0, 0.2])　%x軸の表示範囲を指定	
式(3.46)	$-\frac{D+K_eK_\tau}{LJ}$	$-\frac{RD+K_eK_\tau}{LJ}$
式(3.48)	$-\frac{D}{J}$	$-\frac{RD}{J}$
プログラム3-4内上から3行目	−(D+K_e*K_t)	−(RD+K_e*K_t)
プログラム3-5内上から3行目	−D/J;	−RD/J;
プログラム3-6内上から3行目	−D/J	−RD/J
図3.19		
上から7行目	式(4.1)	式(4.2)

57	式(4.9)	kc	k_c
	上から11行目	kc	k_c
88	式(6.20)	$-\dfrac{\partial L}{\partial \dot{q}_i}$	$-\dfrac{\partial L}{\partial q_i}$
99	図6.9		
100	式(6.32)	$[\ddot{\theta} + D(\dot{\theta}_d - \dot{\theta}) + K(\theta_d - \theta)]$	$[\ddot{\theta}_d + D(\dot{\theta}_d - \dot{\theta}) + K(\theta_d - \theta)]$
	式(6.34)	$[1\ 1\ 0\ 0]x$	$\begin{bmatrix}1&0&0&0\\0&1&0&0\end{bmatrix}x$
	下から3行目	$[\theta_1\ \theta_2\ \dot{\theta}_1\ \dot{\theta}_2]$	$[\theta_1\ \theta_2\ \dot{\theta}_1\ \dot{\theta}_2]^T$

最新の正誤表がコロナ社ホームページにある場合がございます。
下記URLにアクセスして[キーワード検索]に書名を入力して下さい。
https://www.coronasha.co.jp

まえがき

　本書は，機械系，電気系，プロセス系そしてメカトロニクス系などの研究開発分野における MATLAB/Simulink を用いたシステム分析とモデル化，各種制御器設計，システムダイナミクス環境の構築，シミュレーションおよび実験方法についての解説書である。特に，制御システムの制御器設計に関する MATLAB/Simulink でのプログラミング技術については詳細に解説しており，MATLAB の基礎コマンドや Simulink の基礎ブロックなどのシステムプログラミング入門基礎から制御工学における各分野とその応用例とを結び付け，実際のシステム構成に対する実装プログラミングまでのプログラムソースコードを載せるなど，わかりやすいよう工夫した。したがって，本書は MATLAB/Simulink と制御工学の入門書として位置付けることができ，システムプログラミングの勉強と研究をはじめた学部生や大学院生，実務に携わっているシステム開発部のエンジニアの方に適切なものとなっている。

　システム制御理論は，非常に数学的色彩が強い学問であるが，制御系設計は工学応用のコアとなる奥深い技術である。本書では，著者らが日ごろ行っている学部や大学院の講義や実験，そして卒業論文，修士論文および博士論文の研究にかかわる内容に限定して述べた。特に分散制御システム（DCS）装置は，プロセス産業で大規模生産システムなどによく使われるが，本書では大学実験室レベルでの研究実験について記述した。

　本書の構成は以下の通りである。1章ではシステム，MATLAB および Simulink の概念について述べ，2章は，本書で使われる MATLAB のコマンド，関数，Simulink の使い方，電気回路シミュレーションの説明にあてる。3章では MATLAB/Simulink を用いたラプラス変換による伝達関数表現，状態空間表現について言及し，4章は水温制御実験装置を例にとり，MATLAB/Simulink による

PID 制御器を用いたプロセス制御系のシミュレーションと実験について概説する。5章は独立駆動型移動ロボットを対象として，2輪，4(3)輪移動ロボットのモデリング，移動軌道生成について述べ，さらに MATLAB でのプログラミングについて説明する。6章は座標変換と同次変換，順運動学と逆運動学について述べ，さらにラグランジュ表現によるロボットアームのモデリングについて概説し，最後に，MATLAB によるプログラミングについて説明する。7章は非線形システムによる表現方法としてのオペレータ表現について紹介し，ついでスマートアクチュエータを制御対象として非線形モデルの作成，オペレータ理論にもとづく制御系設計法についても説明し，最後に MATLAB によるプログラミングについて説明する。8章は DCS 装置によるオペレータ理論を用いた場合の熱交換プロセス実験装置のモデル化，温度制御シミュレーションとその実験について述べる。本書で扱う MATLAB の m ファイルは，コロナ社ホームページの本書詳細ページよりダウンロードが可能なので，自習用としてぜひ活用していただきたい。なお，ページにアップしていない7章と8章分については，スキルアップのためにも読者自身でソースコードを入力してみてほしい。

　各章の主たる執筆担当者は，鄧（1，2，8章），脇谷（2～4章），姜（5～7章）である。最後に制御理論に関して議論していただいている岡山大学井上昭名誉教授に謝意を表する。また，本書のシミュレーションおよび実験などでご協力いただいた東京農工大学鄧研究室の諸君に感謝したい。最後に，本書の発行に際してお世話になったコロナ社に謝意を表する。

2016 年 2 月

鄧　明聡

目　　次

1. MATLAB/Simulink とは

1.1 システムとは ……………………………………………… 1
1.2 MATLAB とは ……………………………………………… 2
1.3 Simulink と は ……………………………………………… 3

2. MATLAB の基礎コマンド

2.1 MATLAB によるプログラミング ………………………………… 4
2.2 MATLAB で使う特別な記号の意味 ……………………………… 7
　2.2.1 予 約 変 数 ………………………………………………… 7
　2.2.2 コロン演算子 (:) ………………………………………… 7
　2.2.3 シングルクォーテーション (') …………………………… 9
　2.2.4 バックスラッシュ演算子 (\, ¥) …………………………… 10
　2.2.5 要素単位の演算子 ………………………………………… 11
　2.2.6 継 続 記 号 ………………………………………………… 12
　2.2.7 本書でよく使用する関数 ………………………………… 13
　2.2.8 コマンドウィンドウによる実行例 ……………………… 14
2.3 Simulink の起動 …………………………………………… 15
2.4 Simulink によるシミュレーション ……………………… 19
　2.4.1 信 号 の 増 幅 ……………………………………………… 19
　2.4.2 電気回路 (RLC 回路) のシミュレーション ………… 24

3. システムの表現

3.1 伝達関数表現 ………………………………………………… 29
   3.1.1 ラプラス変換 ……………………………………………… 29
   3.1.2 1次遅れ系 ………………………………………………… 33
   3.1.3 2次遅れ系 ………………………………………………… 36
3.2 状態空間表現 ………………………………………………… 40

4. プロセスシステムの制御

4.1 制御系の構成 ………………………………………………… 50
4.2 ステップ応答試験とモデリング ……………………………… 51
4.3 PID 制御系の設計 …………………………………………… 57
   4.3.1 PID 制御則 ………………………………………………… 57
   4.3.2 PID パラメータの調整法 ………………………………… 57

5. 移動ロボットのシミュレーション

5.1 移動ロボットのモデル化 ……………………………………… 64
5.2 移動軌道の生成 ……………………………………………… 68
5.3 シミュレーションとコード …………………………………… 70

6. ロボットアームのシミュレーション

6.1 座標変換と同次変換 ………………………………………… 78
   6.1.1 並進変換 …………………………………………………… 78

6.1.2 回転変換	79
6.1.3 同次変換	81
6.2 順運動学と逆運動学	82
6.2.1 順運動学	82
6.2.2 逆運動学	83
6.3 ラグランジュ表現によるモデリング	88
6.4 シミュレーションとコード	91

7. 非線形システム制御のシミュレーション

7.1 オペレータ表現	109
7.1.1 n-線形オペレータ	109
7.1.2 非線形 Lipschitz オペレータ	110
7.1.3 一般化 Lipschitz オペレータ	111
7.1.4 ロバスト右既約分解	112
7.2 スマートアクチュエータの非線形モデリング	113
7.3 オペレータにもとづく制御方法	114
7.4 シミュレーションとコード	117

8. DCS によるシステム環境の構築

8.1 制御によるシステムの尊成	124
8.1.1 熱交換プロセス	124
8.1.2 DCS 装置	127
8.2 熱交換プロセスのモデル化	129
8.2.1 問題設定	130
8.2.2 熱交換プロセスのモデリング	130
8.3 非線形制御系設定	132

8.3.1　プロセスの右既約分解 ……………………………………… *132*
　　8.3.2　PI（比例積分）コントローラの設計 ……………………… *133*
8.4　シミュレーション ……………………………………………………… *134*
　　8.4.1　シミュレーションの m ファイル …………………………… *134*
　　8.4.2　シミュレーション結果 ……………………………………… *139*
8.5　実　機　実　験 ………………………………………………………… *141*
　　8.5.1　DCS 装置による制御システムの実現 ……………………… *141*
　　8.5.2　実験結果の取得方法 …………………………………………… *156*

引用・参考文献 ……………………………………………………………… *161*
索　　　　　引 ……………………………………………………………… *163*

1章 MATLAB/Simulinkとは

本章では，システムの定義について説明し，MATLAB，Simulinkについての概説とこれらの特徴を紹介する。

1.1 システムとは

単にものが集まっただけでは，システムとはいわない。システムとは ①もの（構成物）の集まりである ②構成物の間に相互作用，関係がある，③集まりに目的がある，④外から操作することができる，という四つの要素をもつものをいう[1]†。つまり，システムにおけるものの集まりでは，ものどうしがたがいに影響し合っているため，ものの機能の変化は，ほかのものに対しても変化をもたらす。この定義をMATLABでの数理的な扱いに置き換えると，②の構成物間の関係は，微分方程式系，連立方程式系，グラフなどで表される。また，③はMATLAB上ではシステムの目的に該当し，その目的を達成するための④の操作系，コントローラを開発するためには，①～③を考慮する必要がある。扱う①，③によって，例えば②は下記のように分類される。

1. 「線形システム」と「非線形システム」…重ね合わせの原理が成立するか否か。
2. 「時変システム」と「時不変システム」…特性が時間的に変化するか否か。
3. 「連続時間システム」と「離散時間システム」…時間的に連続な動作をするか否か。

---

† 肩付き番号は巻末の引用・参考文献を示す。

本書は，産業現場を考慮し，おもに機械系，電気系，プロセス系などの，さまざまな研究開発分野に関するシステムダイナミクス環境の構築に注目する。そして，MATLAB/Simulink を用いたシステム分析とモデル化，各種制御器設計，システムダイナミクス環境の構築に関するシミュレーションおよび実験方法について解説する。具体的には MATLAB /Simulink を用いたシステムプログラミングの基礎から実際のシステム構成に対するプログラミングの実装プロセスについて，特に上述の各分野の応用例と結び付け，システム制御器設計に関する MATLAB /Simulink でのプログラミング技術を解説する。

1.2 MATLAB とは

MATLAB は，matrix laboratory の略であり，LINPACK と EISPACK により開発された行列計算ライブラリに簡単にアクセスできるように記述されたものである。MATLAB の特徴は，次元の設定を必要としない配列を基本データ要素とする対話型システムである。特に，行列やベクトルで定式化できる問題について，C や Fortran のような非対話型言語よりわずかな時間で解くことができる。すなわち，MATLAB はさまざまな数値計算，データ解析などを簡潔に記述，実行できるソフトウェアであり，C 言語などのほかの言語とは異なり，直感的なプログラミングが可能である。また，テクニカルコンピューティング用の高性能な言語の一種であり，プログラミングの際には，m ファイルと呼ばれるシミュレーションを行うためのテキスト形式のファイルを編集する。問題や解答が，なじみ深い数学的な記法で表現されるような分野において，MATLAB を使用して以下のようなことが実現できる[2]。

- 数学，計算
- アルゴリズムの開発
- モデリング，シミュレーション，プロトタイピング
- データ解析，故障診断，可視化
- 工学的なグラフィックス

- グラフィカルユーザインタフェースの構築を含んだアプリケーション開発

MATLAB システムは，下記のように大きく分類して五つの部分から構成されている．

- MATLAB 言語
- MATLAB 作業環境
- Handle Graphics
- MATLAB 数学関数ライブラリ
- MATLAB アプリケーションプログラムインタフェース（API）

ほかにも，オンライン Function Reference を含むオンライン Help 機能がある．

1.3　Simulink とは

Simulink は，MATLAB のアドオンプロダクトの一つで，GUI ベースのダイナミクスのシミュレーションソフトウェアとして普及し，発展してきたものである．Simulink Coder，xPC target，Stateflow などのアドオンプロダクトで，Simulink からの自動 C コード生成ができる．その結果，Simulink から自動生成された C コードを実機のマイコンなどで動かすことにより，シミュレーションと実機実装の境界をなくすことが可能となる．Simulink の特徴は，m ファイルのようなテキストベースでシミュレーションを行う代わりに，ブロックの組み合わせによる直感的なシミュレーションを行うことができる点である．Simulink を使用する際には MATLAB のコマンドウィンドウから起動し，ブロック線図を描くため Simulink Library Browser にあるさまざまなブロックをドラッグ&ドロップし，それらを組み合わせることでブロック線図を作成していく．また，Mux/Demux ブロックによって，多入出力システムを扱うことが可能であり，To Workspace/From Workspace を用いて MATLAB と Simulink 間のデータのやり取りも可能となる．現在では，MATLAB/Simulink のエンジニアリング系のさまざまなツールボックスが発展し，研究機関，大学はもとより会社などの生産現場でも必要不可欠なソフトウェアの一つとなっている．

2章 MATLABの基礎コマンド

本章では，本書で使われる MATLAB のコマンド，予約変数や関数を紹介する。さらに，電気工学でよく使用される電気回路を例に，Simulink の使い方について説明する。

2.1 MATLAB によるプログラミング

MATLAB の起動画面を図 2.1 に示す。

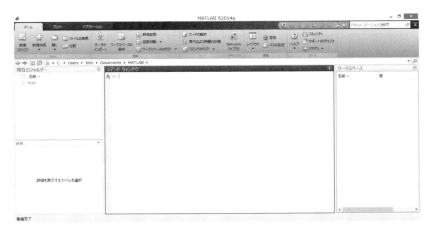

図 2.1 MATLAB 起動画面

MATLAB の基本操作は画面中央のコマンドウィンドウを用いて行う。もし，画面レイアウトを大きく変えてしまった場合は，図 2.2 のように「ホーム」→

2.1 MATLABによるプログラミング 5

図 2.2 デフォルトウィンドウに変更

「レイアウト」→「既定の設定」の順で選択すれば，もとのデフォルト画面に戻ることができる。

まずスカラーとベクトルの乗算を行ってみよう。

```
>> A=[1 2 3]
A =
     1     2     3
>> 3*A
ans =
     3     6     9
```

そして，正弦関数を例とし，その計算および時間変化を考えた場合の計算を行ってみよう。

```
>> sin(pi/4)
ans =
    0.7071
>> t=0:0.01:1;
>> y=sin(2*pi*t);
>> plot(t,y);%1周期分の正弦波
```

以上のように生成した正弦波の結果は図 2.3 に示される。

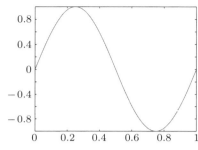

図 2.3 1周期分の正弦波

ここで，pi は円周率 π であり，t は 0 から 1 まで，かつ，間隔が 0.01 の配列（ベクトル）であり，plot 関数は図を描く関数である．ただし，変数 sin を下記のように定義し，実行すると

```
>> sin=2
sin =
     2
>> sin(pi/2)

添字インデックスは，実数の正の整数か，論理値のいずれかで
なければなりません．
```

となり，エラーが発生する．このようなエラーメッセージがでた場合，変数名もしくは関数名が間違っている可能性がある．この場合は，名前の重複した変数（今回の場合は sin）を clear コマンドを使って消去し，重複しない変数名を付ければよい．

```
>> clear sin
>>  sin(pi/2)
ans =
     1
```

変数名のエラーの場合，clear コマンドにより消去できるが，MATLAB 関数名と重複する m ファイルをカレントディレクトリ内につくってしまった場合は対処法が違う．その場合，m ファイルを消去する必要がある．m ファイルを消去するには，delete コマンドを使う．例えば，カレントディレクトリ内に sin.m

というmファイルをつくってしまった場合には

```
delete sin.m
```

のように記述することで消去できる。

2.2 MATLABで使う特別な記号の意味

2.2.1 予約変数

以下のような予約変数がMATLABで使われている。

- i, j ··· 虚数単位
- eps ··· 浮動小数点の相対精度
- inf, Inf ··· 無限大 $+\infty$（$-\infty$ は-Inf）
- NaN ··· 数字ではない，無効な数値

2.2.2 コロン演算子（:）

コロン演算子を使って，二つの数字を区切ると横ベクトルをつくることができる。コロン演算子は，一つ使う場合と二つ使う場合の2通りがあり，それは横ベクトルの間隔を指定できるか否かの違いによるものである。コロンが一つの場合には間隔は1として扱われる。つまり1から16までの間隔1の数字がベクトルの要素となる。

例題 2.1　4×4 の行列変数 A をつくってみよう。

【解答】

```
>> A=1:16;
>> A=reshape(A,4,4);
```

行列変数 A には 1×16 のベクトル [1 2 ··· 16] が格納される。reshape関数は，ベクトルを行列形式に並び替える関数である。今回の例では，4×4 の行列形式に並び替えられている。なお，行列を行列に並び替えたとき，数値の順序が縦方向に格納される点に注意すること。今回の例題では

$$A = \begin{bmatrix} 1 & 5 & 9 & 13 \\ 2 & 6 & 10 & 14 \\ 3 & 7 & 11 & 15 \\ 4 & 8 & 12 & 16 \end{bmatrix}$$

という形で保存される。また，ベクトル間隔は変更することができる。 ♣

例題 2.2 3×3 の行列変数 A をつくってみよう。

【解答】

```
>> A=1:0.5:5;
>> A=reshape(A,3,3)
A =
     1       2.5        4
   1.5         3      4.5
     2       3.5        5
```

また，コロン演算子は行列やベクトル変数内でも使われる。コロン演算子の応用は以下のよう示される。

```
>> [V,C] = eig(rand(3,3)), dC=diag(C);
V =
   -0.6591   -0.6226    0.2714
   -0.5869    0.4587   -0.8817
   -0.4703    0.6340    0.3859
C =
    1.5319         0         0
         0   -0.3291         0
         0         0    0.4083
>> dC(1),V(:,1)
ans =
    1.5319
ans =
   -0.6591
   -0.5869
   -0.4703
```

ここで，上記の eig 関数は固有値と固有ベクトルの両方を求めており，固有値は 3×3 の行列になっている。一方，diag 関数は対角成分を取りだすために使用し，固有値 C(1, 1) に対応する固有ベクトルは V(1, 1)，V(2, 1)，V(3, 1) になる。またこの場合，コロン演算子を使って V(:, 1) と書くことで，3×1 のベクトルとして指定し，表示することもできる。 ♣

2.2.3 シングルクォーテーション（'）

MATLAB で使用するシングルクォーテーション（'）は，使い方が 2 通りあるため，使う際には注意が必要である。一つは行列の転置演算子としての使い方，もう一つは文字列の囲い込みに使用する使い方である。MATLAB では文字列，文字ともにシングルクォーテーションを使い，それを文字列の中で使う場合には二つ使う。この際，ダブルクォーテーションと間違えないように注意が必要である。

（1） 行列転置

```
>> data=rand(2,3)
data =
    0.0344    0.3816    0.7952
    0.4387    0.7655    0.1869
>> data'
ans =
    0.0344    0.4387
    0.3816    0.7655
    0.7952    0.1869
```

（2） 文字列の定義

```
>> disp(['I have ',num2str(4),' pencils.'])
I have 4 pencils.
```

（3） 文字列内のシングルクォーテーション

```
>> disp(['I''m studying.'])
I'm studying.
```

2.2.4 バックスラッシュ演算子（\, ¥）

MATLAB で定義されている特殊な演算子としてバックスラッシュ演算子がある．行列で連立方程式の解を計算する場合，逆行列を計算しないで直接解を計算できるメリットがある．

行列 A と b ベクトルが既知であり，x ベクトルを求める場合について考える．A の逆行列が存在した場合 $x = A^{-1}b$ を計算するときに MATLAB では inv 関数（正方行列の逆行列を求めるための関数）や ^ 演算子を下記のように使うことで

```
x=inv(A)*b;
x=A^(-1)*b;
```

と計算できる．また以下のようにバックスラッシュ演算子を使うことで同様の計算ができる．

```
x=A\b;
```

ただし，A の逆行列が存在しなくても，$b = Ax$ より，$A'b = A'Ax$ が得られ，$A'A$ が正則であれば，$x = (A'A)^{-1}A'b$ で x ベクトルを計算できる．

```
x=inv(A'*A)*A'*b;
x=(A'*A)^(-1)*A'*b;
x=A\b;
```

以下に簡単な例を示す．

$$\begin{bmatrix} 22 \\ 39 \end{bmatrix} = \begin{bmatrix} 1 & 4 \\ 2 & 7 \end{bmatrix} \begin{bmatrix} x_1 \\ x_2 \end{bmatrix}$$

の解は

```
inv([1 4;2 7])*[22;39]
ans =
     2
     5
```

となる．バックスラッシュ演算子を使うと下記のようになる．

2.2　MATLABで使う特別な記号の意味

```
>> [1 4;2 7]\[22;39]
ans =
     2
     5
```

変数の数より式が多い場合，バックスラッシュ演算子を使うと

```
>> [2 4;3 6;5 9]\[3;-1;1]
ans =
  -45.7692
   25.5385
```

と計算できる。

```
>> A= [2 4;3 6;5 9];
>> b=[3;21;1];
>> (A'*A)^(-1)*A'*b
ans =
  -45.7692
   25.5385
```

2.2.5　要素単位の演算子

要素単位の演算子は，「.*」「./」「.∧」「.\」で表される。これらの演算子の使用例を下記に示す。

```
>> A= [1 2;3 4];
>> B=[2 3;1 5];
>> A*B
ans=
     4   13
    10   29
>> A.*B
ans=
     2    6
     3   20
```

```
>> A/B
ans=
    0.4286    0.1429
    1.5714   -0.1429
>> A./B
ans=
    0.5000    0.6667
    3.0000    0.8000
>> A\B
ans=
   -3.0000   -1.0000
    2.5000    2.0000
>>A.\B
ans=
    2.0000    1.5000
    0.3333    1.2500
>>A^2
ans=
     7    10
    15    22
>>A.^2
ans=
     1     4
     9    16
```

2.2.6 継 続 記 号

MATLABで定義されている特殊な記号として継続記号（...）がある。それは現在の関数をつぎの行に続けるために使用する。

```
>> A=[1 2 3;...
4 5 6;...
7 8 9]
A=
```

```
   1  2  3
   4  5  6
   7  8  9
```

上記は,以下と同じ結果を得る。

```
>> A=[1 2 3;4 5 6;7 8 9]
A=
   1  2  3
   4  5  6
   7  8  9
```

2.2.7 本書でよく使用する関数

〔1〕 max 関数 　max 関数は,配列の最大要素を得るための関数である。配列がベクトルの場合,この関数は配列の最大要素を返す。配列が行列の場合,この関数は配列の列をベクトルとして取り扱い,最大要素の行ベクトルを返す。一方,min は配列の最小要素を得るための関数である。

```
>> max([1 4 5 8])
ans=
    8
>> max([1 4 5 8;5 7 1 3])
ans=
    5  7  5  8
```

〔2〕 integral 関数 　integral 関数は,数値積分を得るための関数である。使い方は以下の例のように示される。ここで,integral 関数を用いて $\int_0^3 x^2 e^x dx$ の値を求めるために,@ を使って $fun(x) = x^2 e^x$ を定義する。

```
>> fun=@(x)x.^2.*exp(x);
>> integral(fun,0,3)
ans=
    98.4277
```

〔3〕 **diff 関数**　　diff 関数は，配列の隣接要素間の差分を計算するための関数である。簡単な例は以下のように示される。

```
>> diff([1 3 4 5 7 8])
ans=
    2  1  1  2  1
```

〔4〕 **uicontrol 関数**　　uicontrol 関数は，図上にテキストやボタンなど GUI インタフェースをセッティングするための関数である。この関数の実行結果は MATLAB の Handle Graphics 変数としての出力である。そして，set 関数と get 関数で Handle Graphics の属性データを変更する，もしくは読み込むことができる。uicontrol のスタイルは'checkbox'，'edit'，'frame'，'listbox'，'popupmenu'，'puchbutton'，'radiobutton'，'slider'，'text'，'togglebutton' である。詳細についてはマニュアルを参照してもらうとよい。uicontrol の位置とサイズは'position' 属性の値 [left bottom width height] で設定される。ここで，left は親コンテナーの左端から uicontrol の左端までの距離であり，bottom は親コンテナーの下端から uicontrol の下端までの距離である。また，width と height はそれぞれ uicontrol の幅と高さである。'callback' を使って uicontrol と既存コマンドを関連付けることができる。設定の際は，実行したいコマンドを文字列として'callback' 属性に書き込めばよい。

2.2.8　コマンドウィンドウによる実行例

コマンドウィンドウからはコマンド，数値および文字列などを入れて，最後に Enter キーを押すことでその場で計算結果を表示できる。下記のように 60°の sin の値を計算する。

```
>> sin(60*pi/180)
ans =
    0.8660
```

〔1〕 **help コマンド**　　MATLAB での関数の使用方法は，下記のように

help コマンドで調べられる。

```
>> help cos
 cos   ラジアン単位の余弦
 cos(X) は，X の要素の余弦値です。
 参考 acos, cosd.
   ヘルプ ブラウザーでの参照ページ
      doc cos
```

〔2〕 **lookfor コマンド**　lookfor コマンドを使うことで関連する関数を検索できる。ここで，lookfor とキーワードの間には半角スペースを入れることを忘れないようにする。

```
>> lookfor '余弦'
acos                    - 逆余弦
acosd                   - 度で出力される逆余弦
acosh                   - 逆双曲線余弦
cos                     - ラジアン単位の余弦
cosd                    - 度単位の引数の余弦
cosh                    - 双曲線余弦
```

MATLAB ではほとんどの関数が MATLAB 関数 m ファイルとして定義されており，その内容を見ることができる。例えば，sind 関数は which コマンドを

```
>> which sind
built-in(C:\ProgramFiles\MATLAB\R2013a\toolbox\matlab\
elfun\@double\sind)  % double method
```

のように使うことで，どこに保存されているかがわかる。

2.3　Simulink の起動

まずは Simulink を起動してみよう。MATLAB を起動した後，ホームタブ上にある「新規作成ボタン」をクリックし「Simulink モデル」を選択する（図 **2.4**）。すると，図 **2.5** のような作業用ウィンドウが開く。

16   2. MATLABの基礎コマンド

図 2.4　Simulink の起動

図 2.5　作業用ウィンドウ

　つぎにウィンドウ上の「ライブラリブラウザ」をクリックする。ライブラリブラウザが起動し，Simulink 上で使用可能なブロックが表示される（図 2.6，図 2.7）。

　Simulink ブロックは，その特性によっていくつかのグループにわかれている。ここでは，本書の制御系設計でよく用いるブロックについて紹介する。この

2.3 Simulink の起動　17

図 2.6　ライブラリブラウザの起動

図 2.7　ライブラリブラウザ

ほかにも，離散状態を定義する Discrete ブロックや数学演算を実行する Math Operation ブロックなどを用いることで，複雑なシステムの表現や制御系設計が可能になる．

- Commonly Used Blocks（図 2.8）：Simulink を使用するうえで頻繁に用いられるブロック．これらのブロックはそのほかのリストからも選択可能である．

18   2. MATLABの基礎コマンド

図 2.8   Commonly Used Blocks

- Continuous（図 2.9）：連続状態を定義するブロック。

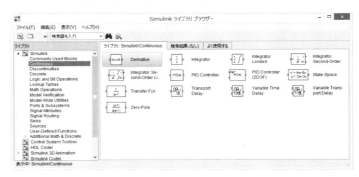

図 2.9   Continuous

- Sinks（図 2.10）：信号の表示や出力に関連するブロック。

図 2.10   Sinks

2.4 Simulinkによるシミュレーション   19

- Sources（図 2.11）：信号を発生するブロック。

図 2.11 Sources

- User-Defined Functions（図 2.12）：カスタム関数（ユーザー定義の関数）をサポートするブロック。

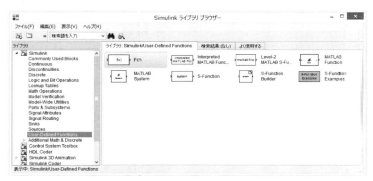

図 2.12 User-Defined Functions

2.4 Simulinkによるシミュレーション

2.4.1 信号の増幅

ここでは，$\sin(\omega t)$ の信号を K 倍するシミュレーションを通じて，Simulinkの基本的な使い方を説明する。はじめに Simulink を起動し，ライブラリブラウザから表 2.1 のブロックをドラッグアンドドロップして図 2.13 のように作

2. MATLABの基礎コマンド

表 2.1 使用ブロック一覧

ブロック名	個数	機能
Sine Wave	1	正弦波を出力
Gain	1	入力信号を定数倍して出力
Mux	2	信号を多重化する
Scope	1	ダブルクリックで描画画面を表示
To Workspace	1	信号をワークスペースに保存

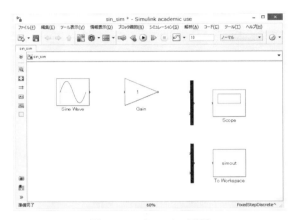

図 2.13　ブロックの配置

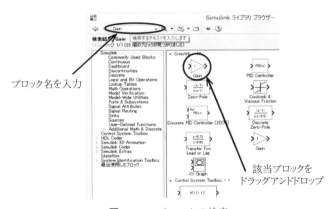

図 2.14　ブロックの検索

業画面上に配置する。ブロック名がわかる場合は，図 2.14 のようにライブラリブラウザの検索ボックスにブロック名を入力すると，すばやくブロックを見

つけることができる。

ブロックの配置終了後，各ブロックのパラメータを設定する。ブロックのパラメータを変更するには，変更したいパラメータをダブルクリックする。図 **2.15** のように，Sine Wave ブロックの周波数を変数 omega，Gain ブロックのゲインを変数 K，Mux1 ブロックと Mux2 ブロックの入力数を 2 と設定する。そして図 **2.16** に示すように，シミュレーション終了時間を変数 Endtime とする（変数 K，omega，Endtime の基本的な値の決定法については，後ほど説明する）。以上の操作の後，図 2.16 のように矢印でブロックを結ぶ。矢印は，ブロックの出力端にマウスカーソルを合わせて左クリックし，ドラッグすることで自由に引くことができる。また，矢印の先端を別のブロックの入力端に接続することで，信号の受け渡しが可能になる。今回の例では，Sine Wave ブロックから発生した $\sin(\omega t)$ の信号を，Gain ブロックを通すことで K 倍された信号 $K\sin(\omega t)$ を生成し，結果を Scope ブロックに表示する。さらに，To Workspace ブロックによって，ワークスペース上の変数 simout にシミュレーション時間と出力結果を格納する。

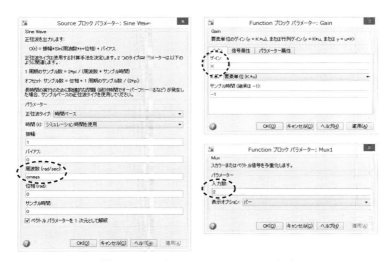

図 **2.15** 各ブロックのパラメータの変更

2. MATLABの基礎コマンド

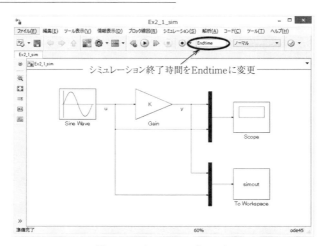

図 2.16 Simulinkブロック

シミュレーションの利点は，さまざまな条件下におけるシステムの挙動を短時間で解析できるところにある。したがって，シミュレーション条件に関わる変数は簡単に変更ができるようにしておくと作業効率がよくなる。Simulinkでは変数を変更する際，変数をもつブロックのプロパティ画面から値を書き換える必要があるため，変数の数が増えると作業効率が悪くなる。本書では，mファイルを用いてシミュレーションで使用する変数（今回ならば，K, omega, Endtime）の値をワークスペース上の変数に格納し，Simulinkを実行する方法を紹介する。まず，**プログラム 2-1** のようなmファイルをSimulinkファイルと同じフォルダ上に用意する。

──────── プログラム 2-1 (Ex2_1.m) ────────

```
clear       % ワークスペースからすべての変数を消去
close all   % すべてのFigureを消去
clc         % コマンド ウィンドウのクリア

%周波数の決定
f = 5;              %5Hz
```

```
omega = 2 * pi * f;      %角周波数

%比例ゲインの決定
K = 2;                   %比例ゲイン

%Simulink の実行
Endtime = 1;             %シミュレーション実行時間
filename = 'Ex2_1_sim';  %ファイル名（拡張子なし）
open(filename);          %Simulink ファイルを開く
sim(filename);           %Simulink の実行

%Figure による結果の表示
t = simout.time;         %時間
y = simout.Data(:, 1);   %増幅後信号
u = simout.Data(:, 2);   %増幅前信号
plot(t, y, '--b')        %y の表示（青，破線）
hold on                  %現在のプロットを保持
plot(t, u, '-r')         %u の表示（赤，実線）
grid on                  %グリッドラインの追加
ylim([-3.0, 3.0])        %y 軸の表示範囲を指定
                         %（最小値-3.0，最大値 3.0）
xlabel('t[s]')           %x 軸ラベル
ylabel('Amplitude')      %y 軸ラベル
legend('y', 'u')         %凡例の表示
```

プログラムを実行した後，図 2.17 のような Figure 画面が表示される．また，Simulink 上の Scope ブロックをダブルクリックすると，画面に図 2.18 のような結果が表示される．Simulink ではブロックの組み合わせによってさまざまな物理現象のシミュレーションが可能になる．次項では，実際の物理現象についてシミュレーションしてみよう．

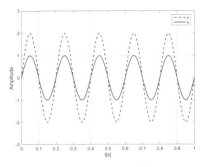

図 2.17 Figure 画面

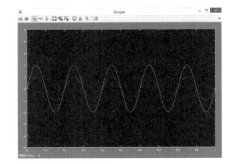

図 2.18 Scope 画面

2.4.2 電気回路（RLC 回路）のシミュレーション

Simulink を使って，図 2.19 に示す RLC 回路の応答をシミュレーションしよう．はじめに，RLC 回路の微分方程式を導出する．抵抗を R 〔Ω〕，静電容量を C 〔F〕，インダクタンスを L 〔H〕とする．回路への入力を $u(t)$ 〔V〕，回路内の電流を $i(t)$ 〔A〕，コンデンサの両端電圧を $y(t)$ 〔V〕とし，コンデンサの初期電圧を $y(0) = 0$ とすると，キルヒホッフの第 2 法則よりつぎの微分方程式が得られる．

$$u(t) = Ri(t) + L\frac{di(t)}{dt} + \frac{1}{C}\int_0^t i(\tau)d\tau \tag{2.1}$$

また，出力 $y(t)$ を次式のようなコンデンサの両端電圧の時間変化とする．

$$y(t) = \frac{1}{C}\int_0^t i(\tau)d\tau \tag{2.2}$$

式 (2.1) を変形すると

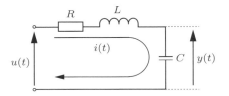

図 2.19 RLC 回路

2.4 Simulinkによるシミュレーション

$$L\frac{di(t)}{dt} = u(t) - Ri(t) - \frac{1}{C}\int_0^t i(\tau)d\tau \quad (2.3)$$

$$\frac{di(t)}{dt} = \frac{1}{L}u(t) - \frac{R}{L}i(t) - \frac{1}{LC}\int_0^t i(\tau)d\tau \quad (2.4)$$

を得る。

式 (2.2) と式 (2.4) をもとに，Simulink モデルをつくってみよう。ここでは，表 **2.2** のブロックを用いる。Simulink によるブロック線図を図 **2.20** に示す。Step ブロックをダブルクリックし図 **2.21** のように設定する。Step ブロックの各設定項目は図 **2.22** のようになっており，必要に応じて変更すればよい。

つぎに，Sum ブロックの設定を行う。ここで符号リストを"|+--"に設定する（図 **2.23**）。+は加算，-は減算を意味しており，スペーサ記号「|」を符号間に挿入することでブロックの入力端子の位置を指定できる。

表 **2.2** 使用ブロック一覧

ブロック名	個数	機　　能
Step	1	ステップ信号を出力
Gain	4	入力信号を定数倍して出力
Integrator	3	入力信号の連続時間積分
Sum	1	入力信号の加減算
Mux	1	信号を多重化する
Scope	1	ダブルクリックで描画画面を表示
To Workspace	1	信号をワークスペースに保存

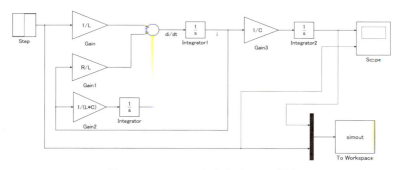

図 **2.20** Simulink によるブロック線図

26   2. MATLABの基礎コマンド

図 2.21　Step ブロックの設定

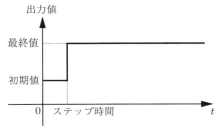

図 2.22　Step ブロックの設定値の意味

図 2.23　Sum ブロックの設定

以上の準備のもと，プログラム 2-2 に示す m ファイルを作成し実行する。このときのシミュレーション結果を図 2.24 に示す。

────── プログラム 2-2 (Ex2_2.m) ──────

```
clear         % ワークスペースからすべての変数を消去
close all     % すべての Figure を消去
clc           % コマンド ウィンドウのクリア

%回路素子のパラメータ
R = 100;      %抵抗 [Ω]
C = 1e-6;     %静電容量 [C]
L = 5e-3;     %インダクタンス [H]

%Simulink の実行
Endtime = 1e-3;             %シミュレーション実行時間 (1ms)
filename = 'Ex2_2_sim';     %ファイル名（拡張子なし）
open(filename);             %Simulink ファイルを開く
sim(filename);              %Simulink の実行

%Figure による結果の表示
t = simout.time;            %時間
y = simout.Data(:, 1);      %出力電圧 [V]
u = simout.Data(:, 2);      %入力電圧 [V]
subplot(2,1,1)              %Figure を (2行1列に分割した1行1列目)
plot(t, y, '-b')            %y の表示（青, 実線）
ylabel('y[V]')              %y 軸ラベル
grid on                     %グリッドラインの追加
ylim([0, 1.5])              %y 軸の表示範囲を指定
subplot(2,1,2)              %Figure を (2行1列に分割した2行1列目)
plot(t, u, '-b')            %u の表示（青, 実線）
grid on                     %グリッドラインの追加
ylim([0, 1.5])              %y 軸の表示範囲を指定
xlabel('t[s]')              %x 軸ラベル
ylabel('u[V]')              %y 軸ラベル
```

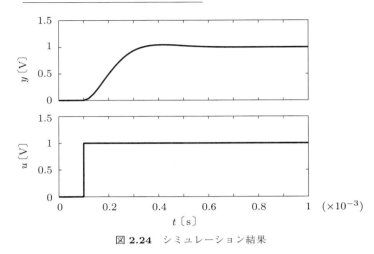

図 2.24 シミュレーション結果

　次章では，制御系を設計するうえで重要となるシステムの表現方法について説明し，MATLAB/Simulink を用いてシステムの挙動を解析する。

3章 システムの表現

　制御系を設計するためには，制御対象となる動的システムの数理モデルが必要となる．一般的に動的システムの入力 $u(t)$ と出力 $y(t)$ の関係は，つぎの線形微分方程式で表される．

$$a_{n+1}\frac{d^n}{dt^n}y(t) + a_n\frac{d^{n-1}}{dt^{n-1}}y(t) + \cdots + a_2\frac{d}{dt}y(t) + a_1 y(t)$$
$$= b_n\frac{d^{n-1}}{dt^{n-1}}u(t) + \cdots + b_2\frac{d}{dt}u(t) + b_1 u(t) \qquad (3.1)$$

システムの挙動を知るためには，微分方程式を解かなければならない．しかしながら，微分方程式の解を求めることは容易ではない．ここでは，制御系設計で重要となるラプラス変換によるシステムの表現方法と状態空間表現を用いた表現方法についてまとめ，MATLAB/Simulink を用いてシステムの動作を解析してみよう．

3.1 伝達関数表現

3.1.1 ラプラス変換

　$t \geq 0$ で定義されたある時間関数 $f(t)$ が任意の有限区間で積分可能とするとき

$$F(s) = \mathcal{L}[f(t)] := \int_0^\infty f(t)e^{-st}dt \qquad (3.2)$$

を $f(t)$ のラプラス変換という．ここで s は複素数である．一方，$F(s)$ から $f(t)$ への変換を逆ラプラス変換といい

$$f(t) = \mathcal{L}^{-1}[F(s)] := \frac{1}{\sqrt{2\pi j}} \int_{\sigma-j\infty}^{\sigma+j\infty} F(s)e^{st} dt \tag{3.3}$$

で定義される。

対象となる時間関数 $f(t)$ をラプラス変換することにより，微分方程式を代数演算のみで解くことができる。例を用いてラプラス変換について考えてみよう。

例題 3.1 つぎの関数をラプラス変換せよ。

$$x(t) = \begin{cases} 0 \ (t<0) \\ 1 \ (t\geq 0) \end{cases} \tag{3.4}$$

【解答】 式 (3.4) のような関数を単位ステップ関数と呼ぶ（**図 3.1**）。ラプラス変換の定義式より

$$X(s) = \int_0^\infty 1 \cdot e^{-st} dt \tag{3.5}$$
$$= \left[-\frac{1}{s}e^{-st}\right]_0^\infty \tag{3.6}$$
$$= \frac{1}{s} \tag{3.7}$$

となる。

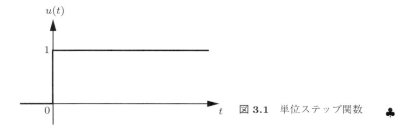

図 3.1 単位ステップ関数 ♣

基本的なラプラス変換をまとめた変換対応表を**表 3.1** に示す。ラプラス変換表を用いると，その変換が容易である。また，$F(s)$ から $f(t)$ への逆ラプラス変換の結果も容易に知ることができる。

表 3.1 ラプラス変換対応表

$f(t)$	$F(s)$	$f(t)$	$F(s)$
$\delta(t)$	1	$\dfrac{dx(t)}{dt}$	$sX(s) - x(0)$
$a(t \geqq 0)$	$\dfrac{a}{s}$	$\displaystyle\int_0^\infty x(t)dt$	$\dfrac{1}{s}X(s)$
at	$\dfrac{a}{s^2}$	$x(t-\tau)$	$X(s)e^{-\tau s}$
e^{-at}	$\dfrac{1}{s+a}$	$\sin(\omega t)$	$\dfrac{\omega}{s^2+\omega^2}$
te^{-at}	$\dfrac{1}{(s+a)^2}$	$\cos(\omega t)$	$\dfrac{s}{s^2+\omega^2}$

表 3.1 を用いて，プロセスシステムの一つであるタンクシステムの挙動を解析してみよう．

例題 3.2 図 3.2 に示すタンクシステムにおいて，定常状態における流入出量 $q_0(t)$ [m²/s]，流入流量 $q_1(t)$ [m²/s]，流出流量 $q_2(t)$ [m²/s]，タンクの断面積 A [m²]，水位 $h(t)$ [m]，出口抵抗 R [s/m²] とするとき，微分方程式はつぎのように与えられる．

$$A\frac{dh(t)}{dt} = q_1(t) - q_2(t) \qquad (3.8)$$

また，定常状態から流量が大きく変化しない場合，次式が成り立つ．

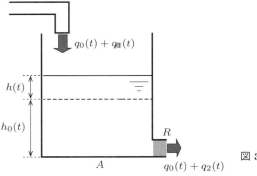

図 3.2　タンクシステム

$$q_2(t) = \frac{1}{R}h(t) \tag{3.9}$$

このとき，$t \geqq 0$ において，流入流量 $q_1(t) = a \, [\mathrm{m^2/s}]$ (a は正の実数) としたときの水位 $h(t)$ の挙動をラプラス変換表を用いて解析せよ．

【解答】 式 (3.9) を式 (3.8) に代入すると，次式を得る．

$$A\frac{dh(t)}{dt} = q_1(t) - \frac{1}{R}h(t) \tag{3.10}$$

$$RA\frac{dh(t)}{dt} = -h(t) + Rq_1(t) \tag{3.11}$$

$y(t) = h(t)$, $u(t) = q_1(t)$ として，式 (3.11) のラプラス変換を行う．表 3.1 より

$$RAsY(s) = -Y(s) + RU(s) \tag{3.12}$$

$$(1 + RAs)Y(s) = RU(s) \tag{3.13}$$

$$Y(s) = \frac{R}{1 + RAs}U(s) \tag{3.14}$$

である．いま，入力として $u(t) = a$ ($t > 0$) のステップ入力が与えられているので

$$U(s) = \mathcal{L}[u(t)] = \frac{a}{s} \tag{3.15}$$

である．式 (3.15) を式 (3.14) に代入すると

$$Y(s) = \frac{R}{1 + RAs} \cdot \frac{a}{s} \tag{3.16}$$

$$= \frac{Ra}{s} + \frac{-R^2Aa}{1 + RAs} \tag{3.17}$$

となる．式 (3.17) を表 3.1 を用いて逆ラプラス変換すると

$$y(t) = \mathcal{L}^{-1}[Y(s)] \tag{3.18}$$

$$= \mathcal{L}^{-1}\left[\frac{Ra}{s}\right] + \mathcal{L}^{-1}\left[\frac{-R^2Aa}{1 + RAs}\right] \tag{3.19}$$

$$= Ra(1 - e^{-t/RA}) \tag{3.20}$$

を得る．以上のように，ラプラス変換と逆ラプラス変換を用いることで，容易に微分方程式の解を求めることができた． ♣

3.1.2 1次遅れ系

式 (3.14) を以下のように書き換える。

$$\frac{Y(s)}{U(s)} = \frac{R}{1+RAs} \tag{3.21}$$

このとき

$$G(s) = \frac{Y(s)}{U(s)} = \frac{R}{1+RAs} \tag{3.22}$$

をシステムの伝達関数と呼び，システムの重要な特性を表している。一般的に，式 (3.23) の伝達関数で表されるシステムは 1 次遅れ系（系とはシステムを指す）と呼ばれる。

$$G(s) = \frac{Y(s)}{U(s)} = \frac{K}{1+Ts} \tag{3.23}$$

ここで，K をシステムゲイン（あるいは単にゲイン），T を時定数と呼ぶ。式 (3.22) の場合，$K = R$，$T = RA$ である。1 次遅れ系の単位ステップ入力（$a = 1$ の場合）に対するステップ応答を図 **3.3** に示す。システムゲインは，大きさ a のステップ入力を印加した場合の入力値と出力の最終値 $\bar{y}$ との比でもあり，$K = \bar{y}/a$ とも書くことができる。図からもわかるように，時定数は出力の最終値の 63.2% に到達する時間を示しており，システムの応答の速さを表している。

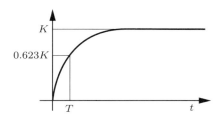

図 **3.3** 1 次遅れ系の単位ステップ応答

実際に例題 3.2 のタンクシステムにおけるシステムの挙動を MATLAB/Simulink を用いて解析してみよう。システムにおいて，$h_0(t) = 0$ m, $q_0(t) = 0$ m^2/s, $A = 10$ m^2，出口抵抗 $R = 0.8$ s/m^2 とし，$t > 0$ で $u(t) = 0.5$ m^2/s の流量

を与える。はじめに，伝達関数を含む Simulink モデルを図 **3.4** のように構築する。ここで，伝達関数ブロック (Transfer Fcn) のパラメータ設定を図 **3.5** のように設定する。図 3.5 において，分子係数，分母係数はそれぞれベクトル形式で指定する（スカラも可）。s に関する多項式 $a_3 s^3 + a_2 s^2 + 1$ が与えられた場合，多項式係数ベクトルは $[a_3,\ a_2,\ 0,\ 1]$ のように指定すればよい。Step ブロックのステップ時間は 1 に設定している。MATLAB では，**プログラム 3-1** に示すようにパラメータ設定，Simulink モデルの実行および結果の出力に関するプログラムを記述している。

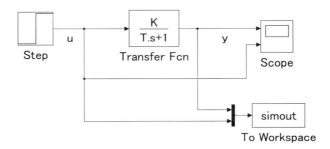

図 **3.4** Simulink によるブロック線図

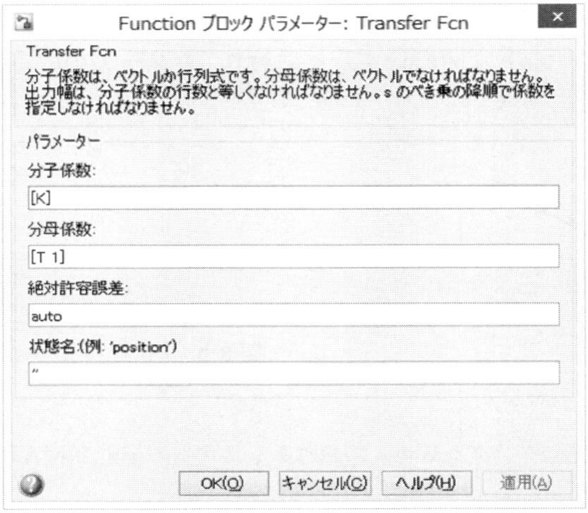

図 **3.5** Transfer Fcn のブロックパラメータ設定

プログラム 3-1 (Ex3_1.m)

```matlab
clear        % ワークスペースからすべての変数を消去
close all    % すべての Figure を消去
clc          % コマンド ウィンドウのクリア


%タンクシステム物理パラメータ
A = 10;       %タンクの断面積 [m^2]
R = 0.8;      %出口抵抗 [s/m^2]
q1 = 0.5;     %流入流量 [m^3/s]

%1次遅れシステムパラメータ
K = R;        %システムゲイン
T = A*R;      %時定数

%Simulink の実行
Endtime = 60;              %シミュレーション実行時間
filename = 'Ex3_1_sim'     %ファイル名(拡張子なし)
open(filename);            %Simulink ファイルを開く
sim(filename);             %Simulink の実行

%Figure による結果の表示
t = simout.time;           %時間
y = simout.Data(:, 1);     %水位
u = simout.Data(:, 2);     %流入流量
%y の表示
subplot(2,1,1)        %Figure を (2行1列に分割した1行1列目)
plot(t, y)            %y の表示
grid on               %グリッドラインの追加
ylim([0, 0.5])        %y軸の表示範囲を指定
ylabel('y')           %y軸ラベル
%u の表示
subplot(2,1,2)        %Figure を (2行1列に分割した2行1列目)
plot(t, u)            %u の表示
```

```
grid on                %グリッドラインの追加
ylim([0, 1.0])         %y 軸の表示範囲を指定
xlabel('t')            %x 軸ラベル
ylabel('u')            %y 軸ラベル
```

プログラム 3-1 を実行したときの出力結果を図 **3.6** に示す。出口抵抗 R とタンクの断面積 A からシステムゲインと時定数を計算すると，$K = 0.8, T = 8.0$ でありシミュレーション結果と一致する。

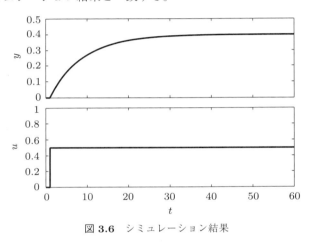

図 **3.6** シミュレーション結果

3.1.3 2 次 遅 れ 系

つぎに機械系の応答について考えてみよう。

例題 3.3 図 **3.7** のようなマス–バネ–ダンパシステムを考える。物体の質量 M〔kg〕，ダンパの粘性係数 D〔N·s/m〕，ばね定数 k〔N/m〕とする。入力 $u(t)$〔N〕に対する，物体の移動距離（変位）$y(t)$〔m〕の関係はつぎの運動方程式で表される。

$$M\frac{d^2y(t)}{dt}y(t) + D\frac{dy(t)}{dt}y(t) + ky(t) = u(t) \tag{3.24}$$

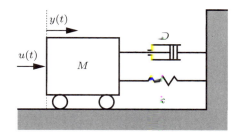

図 3.7 マス–バネ–ダンパシステム

このシステムの伝達関数を導出せよ。

【解答】 初期値 $y(0) = 0$ としてラプラス変換すると

$$Ms^2Y(s) + DsY(s) + kY(s) = U(s) \tag{3.25}$$

$$(Ms^2 + Ds + k)Y(s) = U(s) \tag{3.26}$$

したがって，伝達関数は

$$G(s) = \frac{1}{Ms^2 + Ds + k} \tag{3.27}$$

となる。

一般的に，次式のような伝達関数で表されるシステムは2次遅れ系と呼ばれる。

$$G(s) = \frac{K\omega_n^2}{s^2 + 2\zeta\omega_n s + \omega_n^2} \quad (\zeta > 0,\ \omega_n > 0,\ K：定数) \tag{3.28}$$

ここで，ζ を減衰比，ω_n を固有角周波数と呼ぶ。式 (3.27) を変形すると

$$G(s) = \frac{\dfrac{1}{M}}{s^2 + \sqrt{\dfrac{D^2}{Mk}}\sqrt{\dfrac{k}{M}}s + \dfrac{k}{M}} \tag{3.29}$$

となり，$\zeta = \sqrt{\dfrac{D^2}{Mk}}$, $\omega_n = \sqrt{\dfrac{k}{M}}$ であることがわかる。 ♣

システムの挙動を MATLAB/Simulink を用いて解析してみよう。1次遅れ系のときと同様に，MATLAB においてプログラム 3-2 のように記述し，Simulink によって図 3.8 のシステムを構成する。このときの単位ステップ応答の結果を図 3.9 に示す。

―――――― プログラム 3-2 (Ex3_2.m)――――――

```matlab
clear       % ワークスペースからすべての変数を消去
close all   % すべてのFigureを消去
clc         % コマンド ウィンドウのクリア

%マス-バネ-ダンパシステム物理パラメータ
k = 1.0;    %バネ定数 [N/m]
M = 5.0;    %質量 [kg]
D = 0.5;    %粘性係数 [Ns/m]

%2次遅れシステムパラメータ
K = 1/k;                %システムゲイン
omega = sqrt(k/M);      %共振周波数
zeta = sqrt(D^2/(M*k)); %減衰係数

%Simulinkの実行
Endtime = 10;            %シミュレーション実行時間
filename = 'Ex3_2_sim';  %ファイル名(拡張子なし)
open(filename);          %Simulinkファイルを開く
sim(filename);           %Simulinkの実行

%Figureによる結果の表示
t = simout.time;         %時間
y = simout.Data(:, 1);   %変位
u = simout.Data(:, 2);   %入力
%yの表示
subplot(2,1,1)    %Figureを(2行1列に分割した1行1列目)
plot(t, y)        %y1の表示
grid on           %グリッドラインの追加
ylim([0, 1.0])    %y軸の表示範囲を指定
ylabel('y')       %y軸ラベル
%uの表示
subplot(2,1,2)    %Figureを(2行1列に分割した2行1列目)
```

```
plot(t, u)           %y2 の表示
grid on              %グリッドラインの追加
ylim([0, 2.0])       %y 軸の表示範囲を指定
xlabel('t')          %x 軸ラベル
ylabel('u')          %y 軸ラベル
```

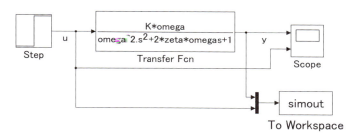

図 3.8 Simulink によるブロック線図

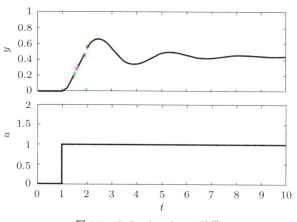

図 3.9 シミュレーション結果

以上のように，線形微分方程式が与えられたとき，ラプラス変換を用いることでシステムの入出力特性を伝達関数として表すことができる．また，伝達関数表現が得られると，システムの応答を MATLAB/Simulink によって容易にシミュレーションできる．

3.2 状態空間表現

伝達関数表現とは,システムの入出力関係のみに着目し,その特性を記述しているものである。一方,システムの内部状態に着目し,記述する方法を状態空間表現と呼び,1入力1出力システムにおいては次式のように記述される。

$$\dot{\boldsymbol{x}}(t) = A\boldsymbol{x}(t) + \boldsymbol{b}u(t) \tag{3.30}$$

$$y(t) = \boldsymbol{c}^T \boldsymbol{x}(t) \tag{3.31}$$

式 (3.30) を状態方程式,式 (3.31) を出力方程式と呼び,状態空間表現ではこの二つの式でシステムの特性を表している。

状態空間表現と伝達関数の関係

式 (3.30) を初期値 $\boldsymbol{x}(0) = \boldsymbol{0}$ としてラプラス変換する。

$$s\boldsymbol{X}(s) = A\boldsymbol{X}(s) + \boldsymbol{b}U(s) \tag{3.32}$$

$$Y(s) = \boldsymbol{c}^T \boldsymbol{X}(s) \tag{3.33}$$

ここで,$\boldsymbol{X}(s)$ について解くと

$$\boldsymbol{X}(s) = (sI - A)^{-1}\boldsymbol{b}U(s) \tag{3.34}$$

式 (3.34) を式 (3.33) に代入すれば

$$Y(s) = \boldsymbol{c}^T(sI - A)^{-1}\boldsymbol{b}U(s) \tag{3.35}$$

を得る。このことについて例題 3.4 を用いて考えてみよう。

例題 3.4 図 **3.10** のように,電機子の抵抗 R 〔Ω〕,インダクタンス L 〔H〕,逆起電力定数 $K_e(t)$ 〔V·s/rad〕,逆起電力 $e(t)$ 〔V〕,モータの発生トルク τ 〔N·m〕,電機子の慣性モーメント J 〔kg·m²〕,電機子の粘性摩擦係数

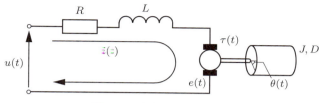

図 3.10 直流モータのモデル

D 〔N·m·rad/m〕の直流モータがあるとする。ここで入力 $u(t)$ 〔V〕，出力を直流モータの回転角度 $y(t) = \theta(t)$ 〔rad〕としたときの伝達関数を導出せよ。

【解答】 まずは，電気回路の微分方程式から導出する。オームの法則とキルヒホッフの第2法則から次式を得る。

$$u(t) = L\frac{di(t)}{dt} + Ri(t) + e(t) \tag{3.36}$$

ここで

$$e(t) = K_e \frac{d\theta(t)}{dt} \tag{3.37}$$

より

$$u(t) = L\frac{di(t)}{dt} + Ri(t) + K_e\frac{d\theta(t)}{dt} \tag{3.38}$$

となる。また，機械システムの運動方程式は

$$\tau(t) = J\frac{d^2\theta(t)}{dt^2} + D\frac{d\theta(t)}{dt} \tag{3.39}$$

である。モータの発生トルクは，流れる電流量に比例するので損失がないとすれば

$$\tau(t) = K_\tau i(t) \tag{3.40}$$

が成り立つ。ただし，K_τ〔N·m/A〕はトルク定数である。式(3.39)と式(3.40)から

$$K_\tau i(t) = J\frac{d^2\theta(t)}{dt^2} + D\frac{d\theta(t)}{dt} \tag{3.41}$$

が得られる。これを $i(t)$ について解くと

42　　3. システムの表現

$$i(t) = \frac{J}{K_\tau} \cdot \frac{d^2\theta(t)}{dt^2} + \frac{D}{K_\tau} \cdot \frac{d\theta(t)}{dt} \tag{3.42}$$

となる．いま，式 (3.42) の右辺を，式 (3.38) の $i(t)$ に代入すると

$$u(t) = \frac{LJ}{K_\tau} \cdot \frac{d^3\theta(t)}{dt^3} + \frac{LD+RJ}{K_\tau} \cdot \frac{d^2\theta(t)}{dt^2} + \frac{D+K_eK_\tau}{K_\tau} \cdot \frac{d\theta(t)}{dt} \tag{3.43}$$

の関係を得る．$y(t) = \theta(t)$，初期値 $y(0) = 0$ としてラプラス変換を行うと

$$U(s) = \frac{LJ}{K_\tau} s^3 Y(s) + \frac{LD+RJ}{K_\tau} s^2 Y(s) + \frac{D+K_eK_\tau}{K_\tau} sY(s) \tag{3.44}$$

となる．したがって，伝達関数は

$$G(s) = \frac{Y(s)}{U(s)} = \frac{K_\tau}{s(LJs^2 + (LD+RJ)s + D + K_eK_\tau)} \tag{3.45}$$

となる．　　　　　　　　　　　　　　　　　　　　　　　　　　♣

これまでと同様に，システムの挙動をシミュレーションによって確認しよう．MATLAB/Simulink によるプログラムおよびブロック線図を**プログラム 3-3**と図 **3.11** に示す．また，ステップ応答の結果を図 **3.12** に示す．

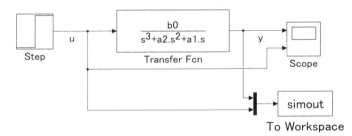

図 **3.11**　Simulink によるブロック線図

―――――― プログラム 3-3 (Ex3_3.m) ――――――

```
clear       % ワークスペースからすべての変数を消去
close all   % すべての Figure を消去
clc         % コマンド ウィンドウのクリア

%システムの物理パラメータ
```

```
u = 1.0;        %入力電圧 [V]
R = 5.0;        %電機抵抗 [Ω]
L = 1e-3;       %インダクタンス [H]
K_e = 5e-2;     %逆起電力定数 [Vs/rad]
K_t = 5e-2;     %トルク定数 [Nm/A]
D = 1e-5;       %粘性摩擦係数 [Nmrad/s]
J = 1e-5;       %慣性モーメント [kgm^2]

%システムパラメータ
a2 = ( L * D + R * J ) / ( L * J );
a1 = ( D + K_e * K_t ) / ( L * J );
b0 = K_t / ( L * J );

%Simulink の実行
Endtime = 0.2;          %シミュレーション実行時間
filename = 'Ex3_3_sim'; %ファイル名（拡張子なし）
open(filename);         %Simulink ファイルを開く
sim(filename);          %Simulink の実行

%Figure による結果の表示
t = simout.time;        %時間
y = simout.Data(:, 1);  %回転角度
u = simout.Data(:, 2);  %入力電圧
%y の表示
subplot(2,1,1)          %Figure を (2行1列に分割した1行1列目)
plot(t, y)              %y の表示
grid on                 %グリッドラインの追加
ylim([0, 5.0])          %y 軸の表示範囲を指定
ylabel('y')             %y 軸ラベル
%u の表示
subplot(2,1,2)          %Figure を (2行1列に分割した2行1列目)
plot(t, u)              %u の表示
grid on                 %グリッドラインの追加
ylim([0, 2.0])          %y 軸の表示範囲を指定
```

```
xlabel('t')           %x 軸ラベル
ylabel('u')           %y 軸ラベル
```

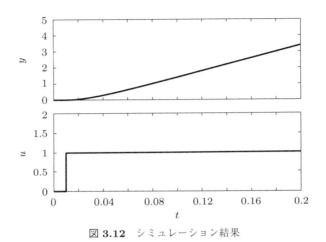

図 **3.12** シミュレーション結果

ここで，注目したいのは伝達関数が表しているのは，入力電圧 $u(t)$ に対する出力角度 $\theta(t)$ の関係のみであるということである．したがって，内部に流れる電流の様子などは知ることができない．

つぎに，同様の問題を状態空間表現で表した場合を考えてみよう．ここでは，状態変数を以下のように選んだ場合について考える．

(1) 状態変数を $\boldsymbol{x}(t) = [\theta(t), \dot{\theta}(t), \ddot{\theta}(t)]^T$ と選んだ場合

$$\dot{\boldsymbol{x}}(t) = \begin{bmatrix} 0 & 1 & 0 \\ 0 & 0 & 1 \\ 0 & -\dfrac{D+K_eK_\tau}{LJ} & -\dfrac{LD+RJ}{LJ} \end{bmatrix} \boldsymbol{x}(t) + \begin{bmatrix} 0 \\ 0 \\ \dfrac{K_\tau}{LJ} \end{bmatrix} u(t) \tag{3.46}$$

$$y(t) = [1\ 0\ 0]\boldsymbol{x}(t) \tag{3.47}$$

(2) 状態変数を $\boldsymbol{x}(t) = [\theta(t), \dot{\theta}(t), i(t)]^T$ と選んだ場合

$$\dot{\boldsymbol{x}}(t) = \begin{bmatrix} 0 & 1 & 0 \\ 0 & -\dfrac{D}{J} & \dfrac{K_\tau}{J} \\ 0 & -\dfrac{K_e}{L} & -\dfrac{R}{L} \end{bmatrix} \boldsymbol{x}(t) + \begin{bmatrix} 0 \\ 0 \\ \dfrac{1}{L} \end{bmatrix} u(t) \tag{3.48}$$

$$y(t) = [1\ 0\ 0]\boldsymbol{x}(t) \tag{3.49}$$

それぞれのケースにおけるプログラムをプログラム 3-4，プログラム 3-5 に，Simulink のブロック線図を図 3.13 と図 3.14 に，ステップ応答の結果を図 3.15 と図 3.16 に示す．状態方程式の形は異なっているが，出力結果が同じであることがわかる．また，これらの出力は伝達関数で得られた図 3.12 とも一致している．

────────── プログラム 3-4 (Ex3_3_x1.m（一部抜粋）) ──────────

```
---------------- 前半省略（前出のプログラム 3-3 と同じ）----------------

%システムパラメータ
a_32 = -(D+K_e*K_t)/(L*J);
a_33 = -(L*D+R*J)/(L*J);
b_3 = K_t/(L*J);
c_1 = 1;

%Simulink の実行
Endtime = 0.2;                  %シミュレーション実行時間
filename = 'Ex3_3_x1_sim';      %ファイル名（拡張子なし）
open(filename);                 %Simulink ファイルを開く
sim(filename);                  %Simulink の実行

-------------- 表示部分省略（前出のプログラム 3-3 と同じ）--------------
```

46   3. システムの表現

────────── プログラム 3-5 (Ex3_3_x2.m（一部抜粋）) ──────────

```
--------------- 前半省略 (前出のプログラム 3-3 と同じ) ---------------

%システムパラメータ
a_22 = -D/J;
a_23 = K_t/J;
a_32 = -K_e/L;
a_33 = -R/L;
b_3 = 1/L;
c_1 = 1;

%Simulink の実行
Endtime = 0.2;              %シミュレーション実行時間
filename = 'Ex3_3_x2_sim';  %ファイル名（拡張子なし）
open(filename);             %Simulink ファイルを開く
sim(filename);              %Simulink の実行

--------------- 表示部分省略 (前出のプログラム 3-3 と同じ) ---------------
```

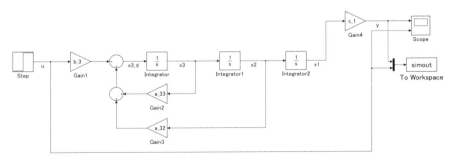

図 3.13 Simulink によるブロック線図（ケース 1）

状態方程式で表されるシステムは，State-Space ブロックを使って簡単に表すことができる。ケース 2 のシステムにおいて，出力方程式を

$$y(t) = [0\ 0\ 1]\boldsymbol{x}_2(t) \tag{3.50}$$

3.2 状態空間表現 47

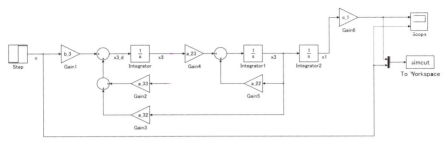

図 3.14 Simulink によるブロック線図 (ケース 2)

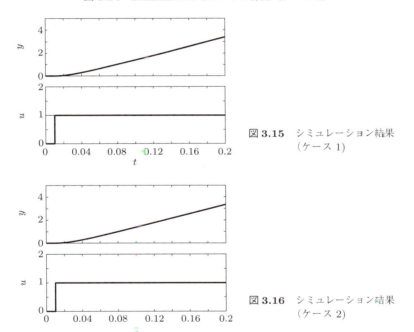

図 3.15 シミュレーション結果
(ケース 1)

図 3.16 シミュレーション結果
(ケース 2)

とした場合のシミュレーションを行ってみよう．プログラムリストを**プログラム 3-6** に，Simulink によるブロック線図を図 **3.17** に示す．State-Space ブロックのパラメータ設定を図 **3.18** に示す．設定画面では状態方程式の係数行列（あるいはベクトル）を記述する．出力結果を図 **3.19** に示す．

以上のように，対象が同じシステムでも表現方法は多彩であり，利用する場面に応じて適切な使いわけが必要となる．また，詳細にシステムの挙動を解析

3. システムの表現

──────── プログラム 3-6 (Ex3_3_StateSpace.m（一部抜粋））────────

```
---------------- 前半省略（前出のプログラム 3-3 と同じ）----------------

%状態空間表現
A = [0, 1, 0; 0, -D/J, K_t/J; 0, -K_e/L, -R/L];
b = [0, 0, 1/L]';
c = [0, 0, 1];
d = 0;

%Simulink の実行
Endtime = 0.2;                      %シミュレーション実行時間
filename = 'Ex3_3_x2_StateSpace_sim';  %ファイル名（拡張子なし）
open(filename);                     %Simulink ファイルを開く
sim(filename);                      %Simulink の実行

------------ 表示部分省略（前出のプログラム 3-3 と同じ）-------------
```

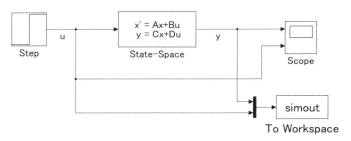

図 **3.17** Simulink によるブロック線図

するためには，周波数特性解析や安定性解析などの手法が重要であるが，これらの内容については，すでにさまざまな良書で説明されているのでそちらを参考にされたい．

3.2 状態空間表現　49

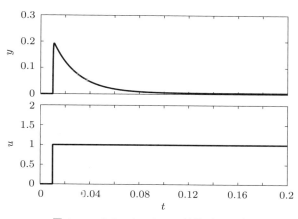

図 3.18　State-Space ブロックの設定

図 3.19　シミュレーション結果（Scope）

4章 プロセスシステムの制御

本章では水温制御実験装置を例にとり，MATLAB/Simulinkによるシミュレーションと制御系設計について述べる。

4.1 制御系の構成

本章で用いる水温制御実験装置を図 4.1 に，実験装置の概略図を図 4.2 示す。

図 4.1 水温制御実験装置

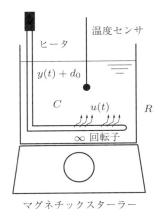

図 4.2 水温制御系の概略図

この実験装置は，ビーカー内の水温をヒータ（最大出力 300 W）によって上昇させるシステムである。また，ビーカー内の温度分布を均一にするため，マグネチックスターラーと回転子を用いて水をかくはんしている。図 4.2 から，水

温制御系の微分方程式を導出してみよう．熱容量 C [J/K]，熱抵抗 R [K/W] とする．外気温 d_0 [°C] は変化しないものとし，さらに，水温の初期値は外気温と同じであるものとする．また，水温の変化量を $y(t)$ [°C]，ヒータからの入力熱量を $u(t)$ [W] とする．いま，水温 $\tilde{y}(t) = y(t) + d_0$ とすると，熱収支より

$$C\frac{d\tilde{y}(t)}{dt} = u(t) - \frac{\tilde{y}(t) - d_0}{R} \tag{4.1}$$

$$C\frac{y(t)}{dt} = u(t) - \frac{y(t)}{R} \tag{4.2}$$

を得る．式 (4.1) のラプラス変換は初期値 $y(0) = 0$ とすると，表 3.1 より

$$CsY(s) = U(s) - \frac{1}{R}Y(s) \tag{4.3}$$

$$\left\{\frac{1}{R} + Cs\right\}Y(s) = U(s) \tag{4.4}$$

$$Y(s) = \frac{1}{\frac{1}{R} + Cs}U(s) \tag{4.5}$$

$$= \frac{R}{1 + RCs}U(s) \tag{4.6}$$

となる．したがって $K = R$，$T = RC$ とすれば，式 (4.6) の伝達関数は

$$G(s) = \frac{K}{1 + Ts} \tag{4.7}$$

となり，対象システムが 1 次遅れ系であることがわかる．

4.2 ステップ応答試験とモデリング

実際の制御対象に，$u(t) = 30$ W のステップ入力を与えた場合の実験結果を図 4.3 に示す．さらに，ステップ信号が印加されてからシステムが応答をはじめるまでの応答の拡大区 (t = 0～50 s) を図 4.4 に示す．図 4.4 からセンサの値が一定の間隔で更新されていることがわかる．実在する多くの制御系では，コンピュータを用いたディジタル制御系を採用しており，サンプリング時間 T_s に

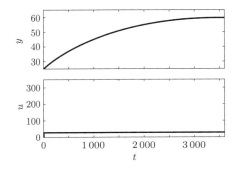

図 4.3 実験装置によるステップ応答 ($u(t) = 30$ W)

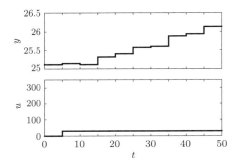

図 4.4 ステップ応答の拡大図 ($t = 0 \sim 50$ s)

もとづいて動作を行う.本実験ではサンプリング時間を $T_s = 5$ s に設定しており,この間隔でセンサ値の取得や制御入力の決定が行われている.また,時刻 t で得られた値は,つぎの更新時刻である時刻 $t + T_s$ まで保持(ホールド)される.このような動作を 0 次ホールドと呼び,制御結果は図 4.4 のような階段状の応答になる.Simulink でも離散時間(Discrete)ブロックやユーザー定義関数を用いて離散時間制御系を設計できるが,今回は,サンプリング時間がシステムの応答時間よりも十分短いものとし,Continue Blocks のみで連続時間制御系を設計する.

実験では,$t = 5$ s の時点でステップ入力が印加されている.また,水の初期温度は $\tilde{y}(0) = 25.1$ °C であった.実験結果から,ほぼ 1 次遅れ系の応答を示しているが,$t = 5 \sim 15$ s 付近では入力を印加しているにもかかわらず,$y(t)$ がほ

とんど変化していない．このように，実際のシステムには数式モデリングの際に記述されない高次遅れ要素やむだ時間が存在する（例えば，本章ではヒータの遅れ要素やむだ時間は考慮していないが，実際には存在している）．プロセスシステムでは，制御対象の特性を次式のような「1次遅れ+むだ時間システム」として記述することが多い．

$$G(s) = \frac{K}{1+Ts}e^{-Ls} \qquad (4.8)$$

対象の伝達関数が1次遅れ+むだ時間で表される場合，ステップ応答の結果から，以下のように T, K, L を得る．まず，ステップ応答曲線の最大勾配に対して接線を引き，原点から接線が時間軸と交差する点までをむだ時間 L とする．つぎに，システムの最終値 K と接線の交点から垂線を引き，時間軸と交わった時刻から L を差し引いたものが T となる．これらの手順を図 4.5 に示す．図より接線の勾配は K/T となることがわかる．

システムの初期値が $\bar{y}(0) = 25.1$ °C，ステップ入力 $u(t) = 30$ W であることに注意して，図 4.3 から T, K, L を求めてみよう．まず，システムゲイン K を求める．ステップ応答の最終値が 59.7 °C なので，入力による出力の正味の温度変化は $\bar{y} = 59.7 - 25.1 = 34.6$ °C で

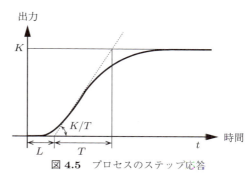

図 4.5　プロセスのステップ応答

ある．また，$K = \bar{y}/a$（a はステップ入力の値）であるから，$K = 34.6/30.0 \simeq 1.15$ を得る．つぎに，最大勾配に対して接線を引き，$y(t) = 25.1$ と交わる点を L とする．接線の引き方にもよるが，図の場合では $L = 15$ とした．さらに，図より $T = 115$ を得た．

MATLAB/Simulink を用いて図 4.6 のようなブロック線図をつくり，その応答をシミュレーションしてみよう．TransportDelay ブロックは入力信号を遅延させるブロックであり，図 4.7 のように設定することでむだ時間 L を表現で

4. プロセスシステムの制御

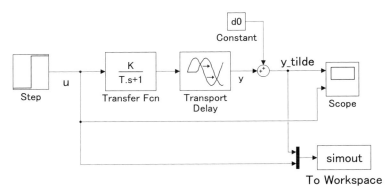

図 **4.6** Simulink によるブロック線図

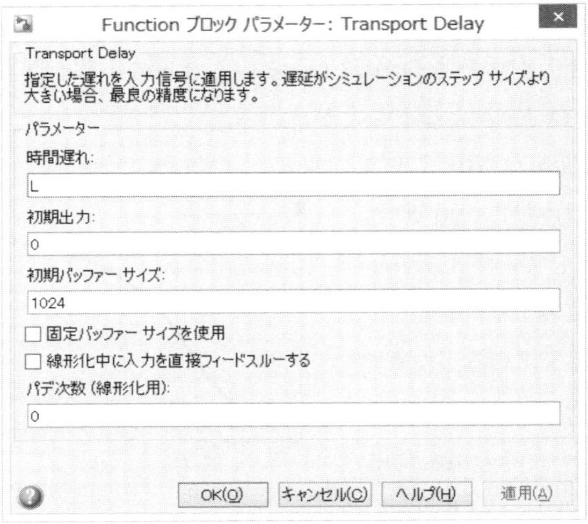

図 **4.7** Transport Delay ブロックの設定

きる。また，Constant は一定値を出力するブロックであり，図 **4.8** のように設定することで外気温 d_0 を表現している。

MATLAB のプログラムリストをプログラム **4-1** に示す。図 **4.9** の結果から，実際のシステムとほぼ同等のステップ応答が得られていることがわかる。

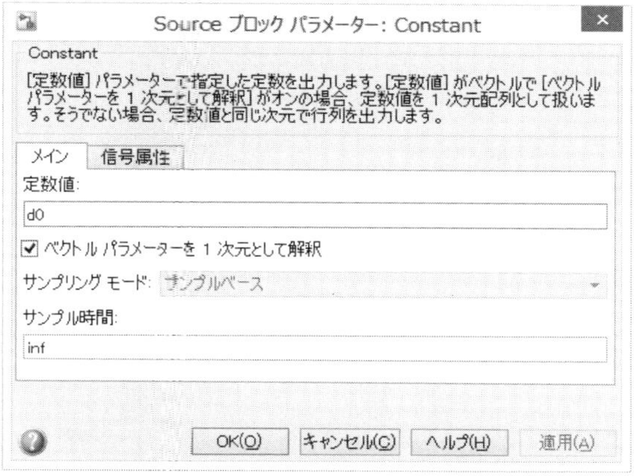

4.2 ステップ応答試験とモデリング

図 4.8 Constant ブロックの設定

──────── プログラム 4-1 (Ex4_1.m) ────────

```
clear       % ワークスペースからすべての変数を消去
close all   % すべての Figure を消去
clc         % コマンド ウィンドウのクリア

%シミュレーションパラメータ
Endtime = 3600; %シミュレーション時間
u = 30;         %入力熱量 [W]
d0 = 25;        %外気温 [℃]
K = 1.15;       %システムゲイン
T = 1115;       %時定数 [s]
L = 15;         %むだ時間 [s]

%Simulink の実行
filename = 'Ex4_1_sim'; %ファイル名（拡張子なし）
open(filename);         %Simulink ファイルを開く
sim(filename);          %Simulink の実行

%Figure による結果の表示
t = simout.time;                  %時間
```

4. プロセスシステムの制御

```
y_tilde = simout.Data(:, 1);   %水温度
u = simout.Data(:, 2);         %流入流量
%y の表示
subplot(2,1,1)         %Figure を (2 行 1 列に分割した 1 行 1 列目)
plot(t, y_tilde)       %y_tilde の表示
grid on                %グリッドラインの追加
xlim([0, Endtime])     %x 軸の表示範囲を指定
ylim([25, 65])         %y 軸の表示範囲を指定
ylabel('y\_tilde')     %y 軸ラベル
%u の表示
subplot(2,1,2)         %Figure を (2 行 1 列に分割した 2 行 1 列目)
plot(t, u)             %u の表示
grid on                %グリッドラインの追加
xlim([0, Endtime])     %x 軸の表示範囲を指定
ylim([0, 350])         %y 軸の表示範囲を指定
xlabel('t')            %x 軸ラベル
ylabel('u')            %y 軸ラベル
```

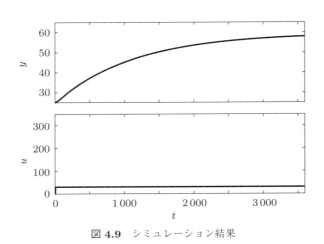

図 4.9 シミュレーション結果

4.3 PID 制御系の設計

制御系の設計法にはさまざまな方法が提案されているが，ここではいまなお 8 割以上のプロセス制御で用いられている，PID（proportional-integral-derivative）制御系の設計法について説明する。

4.3.1 PID 制御則

PID 制御則は，次式で与えられる。

$$u(t) = kc \left\{ e(t) + \frac{1}{T_I} \int_0^t e(\tau)d\tau + T_D \frac{de(t)}{dt} \right\} \tag{4.9}$$

ここで，$e(t)$ は制御偏差と呼ばれ，目標値 $r(t)$ とシステム出力 $y(t)$ の差を表している。すなわち

$$e(t) := r(t) - y(t) \tag{4.10}$$

である。また，kc, T_I, T_D はそれぞれ比例ゲイン，積分時間，微分時間と呼ばれ，これらのパラメータの調整が制御性能に大きく影響を及ぼす。

4.3.2 PID パラメータの調整法

今日，PID パラメータの調整法は無数に提案されているが，ここでは最も有名な ZN（Ziegler and Nichols）法と CHR（Chien, Hrones and Reswick）法によるパラメータ調整を行う方法について紹介する。制御対象が式 (4.8) で記述できる場合，ZN 法による PID パラメータの調整則は**表 4.1** のように与えられる。また，CHR 法では外部入力を設定値変更および外乱応答の二つの場合にわけ，さらにそれぞれの外部入力に対して行き過ぎなし，20 ％の行き過ぎ量の計 4 通りについて**表 4.2** のような調整則を与えている。ここで行き過ぎ量とは，**図 4.10** に示すように，目標値の変化量と制御出力が最初に目標値を超えた量の最大値（オーバーシュート量）との比を表している。

表 4.1 ZN 法

制御則	比例ゲイン k_c	積分時間 T_I	積分時間 T_D
P	T/KL	—	—
PI	$0.9T/KL$	$3.33L$	—
PID	$1.2T/KL$	$2L$	$0.5L$

表 4.2 CHR 法

外部入力	行き過ぎ	制御則	比例ゲイン k_c	積分時間 T_I	積分時間 T_D
設定値変更	なし	P	$0.3T/KL$	—	—
		PI	$0.35T/KL$	$1.17T$	—
		PID	$0.6T/KL$	T	$0.5L$
	20%	P	$0.7T/KL$	—	—
		PI	$0.6T/KL$	T	—
		PID	$0.95T/KL$	$1.36T$	$0.47L$
外乱	なし	P	$0.3T/KL$	—	—
		PI	$0.6T/KL$	$4L$	—
		PID	$0.95T/KL$	$2.38L$	$0.42L$
	20%	P	$0.7T/KL$	—	—
		PI	$0.7T/KL$	$2.33L$	—
		PID	$1.2T/KL$	$2L$	$0.42L$

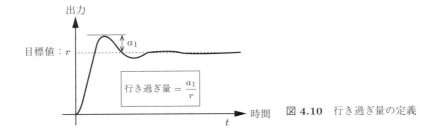

図 4.10 行き過ぎ量の定義

4.3 PID制御系の設計

実験装置には冷却機能がないため，オーバーシュートを避けて目標値へ追従させたい．したがって，CHR法（設定値変更，行き過ぎなし）を用いてPIDパラメータを算出する．4.2節で求めた，システムの T, K, L と表4.2から

$$\begin{cases} k_c = 38.8 \\ T_I = 1\,115 \\ T_D = 7.50 \end{cases} \quad (4.1)$$

が得られた．

MATLAB/Simulinkによって制御系を設計し，シミュレーションによってその動作を確認してみよう．図 **4.11** に制御系のブロック線図を示す．また，**プログラム 4-2** によってシステムパラメータとPIDパラメータを設定し，Simulinkを実行する．サブブロックの PID Controller と System は図 **4.12**, 図 **4.13** のように構成した．実際のヒータ出力は $0 \leq u(t) \leq 300$ であることを考慮し，Saturation ブロックによる入力制限を設けている．Saturation ブロックは図 **4.14** の上限値，下限値を設定することで図 **4.15** のように入力信号の上限値と下限値を飽和させるブロックである．

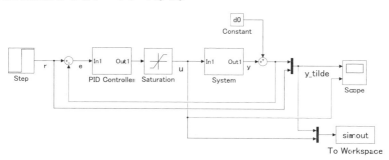

図 **4.11** ブロック線図

──────── プログラム **4-2** (Ex4_2.m) ────────

```
clear       % ワークスペースからすべての変数を消去
close all   % すべての Figure を消去
clc         % コマンド ウィンドウのクリア
```

```matlab
%シミュレーションパラメータ
Endtime = 500;   %シミュレーション時間
u = 30;          %入力熱量 [W]
d0 = 25;         %外気温 [℃]
K = 1.15;        %システムゲイン
T = 1115;        %時定数 [s]
L = 15;          %むだ時間 [s]

%制御器パラメータ
r = 50;
%CHR法
kc = 0.6*T/(K*L);
Ti = T;
Td = 0.5*L;

%Simulinkの実行
filename = 'Ex4_2_sim'; %ファイル名（拡張子なし）
open(filename);          %Simulinkファイルを開く
sim(filename);           %Simulinkの実行

%Figureによる結果の表示
t = simout.time;              %時間
y_tilde = simout.Data(:, 1);  %水温度
r = simout.Data(:, 2);        %目標温度
u = simout.Data(:, 3);        %流入流量
%yの表示
subplot(2,1,1)        %Figureを(2行1列に分割した1行1列目)
plot(t, r, '--r')     %rの表示
hold on               %出力結果を保持
plot(t, y_tilde)      %y_tildeの表示
grid on               %グリッドラインの追加
xlim([0, Endtime])    %x軸の表示範囲を指定
ylim([25, 55])        %y軸の表示範囲を指定
```

```
ylabel('y\_tilde')     %y 軸ラベル
%u の表示
subplot(2,1,2)         %Figure を (2行1列に分割した2行1列目)
plot(t, u)             %u の表示
grid on                %グリッドラインの追加
xlim([0, Endtime])     %x 軸の表示範囲を指定
ylim([0, 350])         %y 軸の表示範囲を指定
xlabel('t')            %x 軸ラベル
ylabel('u')            %y 軸ラベル
```

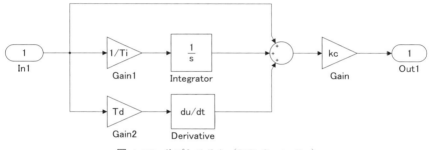

図 4.12 サブシステム (PID Controller)

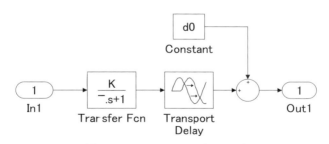

図 4.13 サブシステム (System)

このときのシミュレーション結果を図 4.16 に，実際にシミュレーションと同様の PID パラメータを用いて制御をした結果を図 4.17 に示す．

センサノイズの影響で定常状態の入力が振動的にはなっているが，おおむねシミュレーションと同様の制御結果が得られている．しかしながら，シミュレー

62　4. プロセスシステムの制御

図 4.14　Saturation ブロックの設定

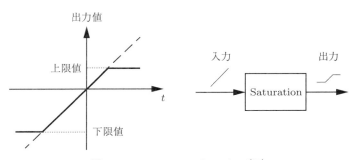

図 4.15　Saturation ブロックの意味

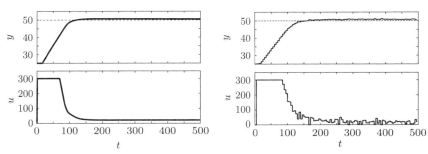

図 4.16　シミュレーションによる PID 制御結果（CHR 法）

図 4.17　実験による PID 制御結果（CHR 法）

ション結果，実験結果ともに500 s経過しても出力が目標値に一致していない。ここで，式(4.11)のパラメータをもとに，シミュレータを用いてオーバーシュートのないPIDパラメータを試行錯誤的に求めたところ

$$\begin{cases} k_c = 25.9 \\ T_I = 1\,817 \\ T_D = 5.00 \end{cases} \quad (4.12)$$

と設定することで図4.18のように良好な制御結果を得た。また，同様のパラメータを用いて実験を行った結果を図4.19に示す。このように，システムモデルをつくり込むことでシミュレーションの精度が向上し，制御パラメータの最適化に必要な時間が大幅に削減できる。

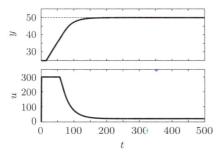

図4.18 シミュレーションによるPID制御結果（CHR法+微調整）

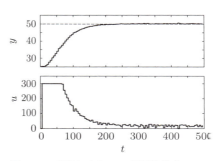

図4.19 実験によるPID制御結果（CHR法+微調整）

5章 移動ロボットのシミュレーション

本章では,独立駆動型移動ロボットを対象として,2輪,4(3)輪移動ロボットのモデリング,移動軌道生成,そして,MATLABでのプログラミングについて説明する。

5.1 移動ロボットのモデル化

車輪と床との摩擦力が十分に大きく,車輪が横すべりをしないものと仮定する。したがって,車軸方向の速度は0である。速度拘束は積分不可能な拘束となり,このような移動ロボットは非ホロノミックシステム(nonholonomic system)と呼ばれる[13]。図 5.1 に2輪移動ロボットのモデル図を示す。車体の後ろに付いている小さい車輪は,車体を支えるためのキャスターである。

図のように車軸中心点の座標を (x, y),進行方位角を θ とする。並進速度,進

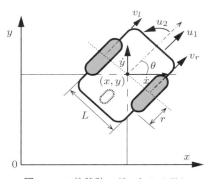

図 5.1 2輪移動ロボットのモデル

行方位角速度をそれぞれ u_1, u_2 とする．このとき，車軸中心点の x, y 方向の速度は $(\dot{x}, \dot{y})$ となるから，速度拘束は

$$\dot{x}\sin\theta - \dot{y}\cos\theta = 0 \tag{5.1}$$

となる．速度の関係より

$$\begin{bmatrix} \dot{x} \\ \dot{y} \\ \dot{\theta} \end{bmatrix} = \begin{bmatrix} \cos\theta & 0 \\ \sin\theta & 0 \\ 0 & 1 \end{bmatrix} \begin{bmatrix} u_1 \\ u_2 \end{bmatrix} \tag{5.2}$$

が求まる．

$\boldsymbol{x} = [\dot{x}\ \dot{y}\ \dot{\theta}]^T$ とし，$\boldsymbol{u} = [u_1\ u_2]^T$ を制御入力とすると，2輪移動ロボットのモデルは

$$\boldsymbol{x} = A\boldsymbol{u} \tag{5.3}$$

となる．ここで

$$A = \begin{bmatrix} \cos\theta & 0 \\ \sin\theta & 0 \\ 0 & 1 \end{bmatrix}$$

この2輪移動ロボットの車輪は独立に駆動できるので，その回転速度 v_l, v_r と u_1, u_2 の関係を以下のように示す．

$$\frac{r}{2}(v_l + v_r) = u_1 \tag{5.4}$$

$$\frac{r}{L}(v_l - v_r) = u_2 \tag{5.5}$$

ここで，r は車輪の半径，L は両車輪の間の距離である．整理すると

$$\begin{bmatrix} u_1 \\ u_2 \end{bmatrix} = \begin{bmatrix} \dfrac{r}{2} & \dfrac{r}{2} \\ \dfrac{r}{L} & -\dfrac{r}{L} \end{bmatrix} \begin{bmatrix} v_l \\ v_r \end{bmatrix} \tag{5.6}$$

を得る．式 (5.6) を式 (5.3) に代入すると

$$\boldsymbol{x} = \begin{bmatrix} \dot{x} \\ \dot{y} \\ \dot{\theta} \end{bmatrix} = \begin{bmatrix} \cos\theta & 0 \\ \sin\theta & 0 \\ 0 & 1 \end{bmatrix} \begin{bmatrix} \dfrac{r}{2} & \dfrac{r}{2} \\ \dfrac{r}{L} & -\dfrac{r}{L} \end{bmatrix} \begin{bmatrix} v_l \\ v_r \end{bmatrix}$$

$$= \begin{bmatrix} \dfrac{r\cos\theta}{2} & \dfrac{r\cos\theta}{2} \\ \dfrac{r\sin\theta}{2} & \dfrac{r\sin\theta}{2} \\ \dfrac{r}{L} & -\dfrac{r}{L} \end{bmatrix} \begin{bmatrix} v_l \\ v_r \end{bmatrix} \tag{5.7}$$

となる．この式を使えば，両車輪の回転速度 v_l, v_r によって，2輪移動ロボットの $\boldsymbol{x}$ が与えられることがわかる．両車輪が同方向同速度（$v_l = v_r$）で回転すると，ロボットは図 **5.2** が示すように並進運動する．車輪が逆方向同速度（$v_l = -v_r$）で回転すると，ロボットは図 **5.3** が示すように両車輪の中点を中心に回転運動する．両車輪の回転速度の差によってロボットの回転半径は異なる．

図 **5.2** 並進運動　　　　　　図 **5.3** 回転運動

4輪移動ロボットの場合には拘束がもう一つ増える．図 **5.4** のように，後輪軸中点を (x, y)，前輪軸中点を (x_1, y_1)，L を2点間の距離とする．2輪移動ロボットと違うのは，移動ロボットの進行方位角を調整するために前輪にステアリング機構をもたせているところである．θ は移動ロボットの進行方位角，ϕ は前輪のステアリング角とする．また，移動ロボットの並進速度，前輪ステアリング角速度をそれぞれ u_1, u_2 とする．図 5.4 の中に点線で示すように，4輪移動ロボットの前輪は一つ車輪に近似できる．すなわち，4輪移動ロボットは3輪移動ロボットに近似できる．したがって，前輪の速度拘束は

$$\dot{x}_1 \sin(\theta + \phi) - \dot{y}_1 \cos(\theta + \phi) = 0 \tag{5.8}$$

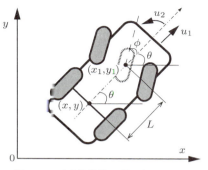

図 5.4 4(3)輪移動ロボットのモデル

のように表される。また，後輪の速度拘束は式 (5.1) と同様に表される。

$$x_1 = x + L\cos\theta$$
$$y_1 = y + L\sin\theta$$

これらの関係によって，式 (5.8) から移動ロボットの進行方位角速度に対する拘束

$$\dot{\theta} = \frac{u_1}{L}\tan\phi \tag{5.9}$$

を得る。$\bm{x} = [\dot{x}\ \dot{y}\ \dot{\theta}\ \dot{\phi}]^T$ と，$\bm{u} = [u_1\ u_2]^T$ を制御入力とすると，4(3)輪移動ロボットのモデルは

$$\dot{\bm{x}} = A\bm{u} \tag{5.10}$$

となる。ここで

$$A = \begin{bmatrix} \cos\theta & 0 \\ \sin\theta & 0 \\ \dfrac{\tan\phi}{L} & 0 \\ 0 & 1 \end{bmatrix}$$

である。これまで 2 輪，4(3) 輪移動ロボットのモデルを紹介した。式 (5.3) と式 (5.10) により，制御入力を決定すると移動ロボットの姿勢（位置と進行方位

角）を計算できる．5.2 節では，これらのモデルに対し軌道データを生成し，制御入力 u を求めてみよう．

5.2 移動軌道の生成

本節では 5.1 節の移動ロボットに対して，指定した目標の位置とその方向を到達するためにどのような軌道をつくればよいかを考える．2 輪移動ロボットに対して，一番簡単な移動動作は以下のように示される．

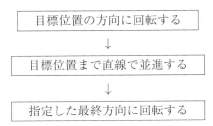

この動作の欠点は，移動中に目標位置が変わると新しい目標に向かうためにロボットに急ブレーキをかけてしまう点である．なめらかな移動軌道を実現するために，3 次曲線を用いて始点と目標点の間を補間する．ここでは始点から目標点までの接線が進行方向と一致する 3 次曲線[14)]

$$y(x) = a_3 x^3 + a_2 x^2 + a_1 x + a_0 \tag{5.11}$$

を考える．始点の座標を (x_0, y_0)，初期進行方位角を θ_0，目標点の座標を (x_f, y_f)，目標進行方位角を θ_f とする．始点と目標点に対して以下のような関係

$$\begin{cases} y(x_0) = y_0 \\ \dot{y}(x_0) = \tan\theta_0 \\ y(x_f) = y_f \\ \dot{y}(x_f) = \tan\theta_f \end{cases} \tag{5.12}$$

を得る．式 (5.11) に代入すると

5.2 移動軌道の生成

$$\begin{cases} a_3 x_0^3 + a_2 x_0^2 + a_1 x_0 + a_0 = y_0 \\ 3a_3 x_0^2 + 2a_2 x_0 + a_1 = \tan\theta_0 \\ a_3 x_f^3 + a_2 x_f^2 + a_1 x_f + a_0 = y_f \\ 3a_3 x_f^2 + 2a_2 x_f + a_1 = \tan\theta_f \end{cases} \tag{5.13}$$

となる。これらを整理すると

$$\begin{bmatrix} a_3 \\ a_2 \\ a_1 \\ a_0 \end{bmatrix} = \begin{bmatrix} x_0^3 & x_0^2 & x_0 & 1 \\ 3x_0^2 & 2x_0 & 1 & 0 \\ x_f^3 & x_f^2 & x_f & 1 \\ 3x_f^2 & 2x_f & 1 & 0 \end{bmatrix}^{-1} \begin{bmatrix} y_0 \\ \tan\theta_0 \\ y_f \\ \tan\theta_f \end{bmatrix} \tag{5.14}$$

を得る。したがって，3次曲線の係数

$$a_3 = \frac{2(y_f - y_0) + (x_0 - x_f)(\tan\theta_0 + \tan\theta_f)}{x_0^3 - 3x_0^2 x_f + 3x_0 x_f^2 - x_f^3}$$

$$a_2 = \frac{3(y_0 - y_f)(x_0 + x_f) - (x_0 - x_f)\{(2x_0 + x_f)\tan\theta_f + (x_0 + 2x_f)\tan\theta_0\}}{x_0^3 - 3x_0^2 x_f + 3x_0 x_f^2 - x_f^3}$$

$$a_1 = \frac{(x_0 - x_f)\{x_0(x_0 + 2x_f)\tan\theta_f + x_f(x_f + 2x_0)\tan\theta_0\} - 6x_0 x_f(y_0 - y_f)}{x_0^3 - 3x_0^2 x_f + 3x_0 x_f^2 - x_f^3}$$

$$a_0 = \frac{y_0 x_f^2(-x_f + 3x_0) - y_f x_0^2(-x_0 + 3x_f) - x_0 x_f(x_0 - x_f)(x_f \tan\theta_0 + x_0 \tan\theta_f)}{x_0^3 - 3x_0^2 x_f + 3x_0 x_f^2 - x_f^3}$$

が求まる。すなわち，始点の位置と進行方位角，目標点の位置と進行方位角がわかれば，3次曲線軌道を生成できる。

ロボットが生成した軌道に沿って移動させるためには，移動ロボットに対する制御入力が必要である。そこで，式(5.3)と上記の軌道データから制御入力 u_1, u_2 を次式によって求める。

$$u_1(k) = \frac{\sqrt{\{x(k+1) - x(k)\}^2 + \{y(k+1) - y(k)\}^2}}{dt}$$

$$\theta(k) = \tan^{-1}\left(\frac{y(k+1) - y(k)}{x(k+1) - x(k)}\right)$$

$$u_2(k) = \frac{\theta(k+1) - \theta(k)}{dt}$$

5. 移動ロボットのシミュレーション

4(3)輪移動ロボットの場合，式 (5.10) によって，以下のような制御入力 u_1, u_2 が求まる。

$$u_1(k)=\frac{\sqrt{\{x(k+1)-x(k)\}^2+\{y(k+1)-y(k)\}^2}}{dt}$$

$$\phi(k) =\tan^{-1}\left(\frac{\left\{\tan^{-1}\left(\frac{y(k+2)-y(k+1)}{x(k+2)-x(k+1)}\right)-\tan^{-1}\left(\frac{y(k+1)-y(k)}{x(k+1)-x(k)}\right)\right\}L}{u_1(k)dt}\right)$$

$$u_2(k)=\frac{\phi(k+1)-\phi(k)}{dt}$$

求めた制御入力を用いて，移動ロボットのモデルによって位置と進行方位角を計算する。移動ロボットのモデルの使い方，そして，制御入力とロボットの位置と進行方位角の関係をもっと理解するために，5.3 節では移動ロボットに関するシミュレーションを行ってみよう。

5.3 シミュレーションとコード

まず，2 輪移動ロボットに対して，簡単なシミュレーションを行ってみよう。ソースコードはプログラム 5-1〜プログラム 5-3 のように示される。

──────── プログラム 5-1 (Twowheels_main.m) ────────

```
clear           % ワークスペースからすべての変数を消去
close all       %すべての Figure を消去
clc             %コマンド ウィンドウのクリア
r=0.05;         %車輪の半径 [m]
L=0.2;          %ロボットの幅 [m]
dt=1;           %サンプリング間隔
%ロボットの初期位置
pRobot0=[0.2,0.1,-0.1,-0.1,0.1,0.2;...
    0,-0.1,-0.1,0.1,0.1,0;...
    1,1,1,1,1,1];       %ロボットの初期位置
pRobot=pRobot0;         %ロボットの現在位置
```

5.3 シミュレーションとコード

```
figure(1);
%ロボットの初期状態の表示
plot(pRobot0(1,:),pRobot0(2,:),':');
axis equal;           %x,y方向のデータ単位が等しくなる
%x,y軸の表示範囲を指定（最小値 -1, 最大値 1）
axis([-1 1 -1 1]);
xlabel('X [m]');     %x軸ラベル
ylabel('Y [m]');     %y軸ラベル
grid on;              %グリッドラインを追加
%右車輪の回転速度
ptext1=[10 50 30 20];   %文字列'v_r'の位置
uicontrol('style','text','position',ptext1,'string','v_r');
ui1=uicontrol(1,'style','edit','string','0');   %単位 [degree/s]
set(ui1, 'position', [50 50 40 20]);   %ui1の位置を設定
%左車輪の回転速度
ptext2=[10 75 30 20];   %文字列'u_l'の位置
uicontrol('style','text','position',ptext2,'string','v_l');
ui2=uicontrol(1,'style','edit','string','0');   %単位 [degree/s]
set(ui2, 'position', [50 75 40 20]);   %ui2の位置を設定
%'Draw'ボタン
ui3=uicontrol(1,'style','pushbutton','string', 'Draw');
%'drawRobot'を実行
set(ui3,'position',[10 100 80 20],'callback', 'drawRobot');
%'Reset'ボタン
ui4=uicontrol(1,'style','pushbutton','string', 'Reset');
%'resetValue'を実行
set(ui4,'position',[10 25 80 20],'callback', 'resetValue');
%ロボットの進行方位角
ptext3=[470 325 30 20];   %文字列'theta'の位置
uicontrol('style','text','position',ptext3,'string','theta');
ui5=uicontrol(1,'style','edit','string','0');   %単位 [degree]
set(ui5, 'position', [500 325 50 20]);   %ui5の位置を設定
%ロボットのyの値
ptext4=[470 350 30 20];   %文字列'y'の位置
```

```
uicontrol('style','text','position',ptext4,'string','y');
ui6=uicontrol(1,'style','edit','string','0');    %単位 [m]
set(ui6, 'position', [500 350 50 20]);   %ui6 の位置を設定
%ロボットの x の値
ptext5=[470 375 30 20];    %文字列'x' の位置
uicontrol('style','text','position',ptext5,'string','x');
ui7=uicontrol(1,'style','edit','string','0');    %単位 [m]
set(ui7, 'position', [500 375 50 20]);   %ui7 の位置を設定
```

―――― プログラム 5-2 (drawRobot.m) ――――

```
for i=1:1:10
    %ロボットの x 値を ui7 から読み込み
    x=str2double(get(ui7,'string'));
    %ロボットの y 値を ui6 から読み込み
    y=str2double(get(ui6,'string'));
    %ロボットの進行方位角を ui5 から読み込み
    %角度->ラジアン
    theta=str2double(get(ui5,'string'))*pi/180;
    %左車輪の回転角度を ui2 から読み込み
    u_l=str2double(get(ui2,'string'))*pi/180;
    %右車輪の回転角度を ui1 から読み込み
    u_r=str2double(get(ui1,'string'))*pi/180;
    A=[cos(theta),0;sin(theta),0;0,1];    %変換行列
    dotp=A*[r/2,r/2;r/L,-r/L]*[u_l;u_r]; %速度
    dotx=dotp(1);          %x 方向の速度
    doty=dotp(2);          %y 方向の速度
    dottheta=dotp(3);      %ロボットの回転速度
    x=x+dotx*dt;              %x 値の更新
    y=y+doty*dt;              %y 値の更新
    theta=theta+dottheta*dt;    %theta 値の更新
    %ui5 の値の更新(ラジアン->角度)
    set(ui5,'string',num2str(theta*180/pi));
```

```matlab
    %ui6 の値の更新
    set(ui6,'string',num2str(y));
    %ui7 の値の更新
    set(ui7,'string',num2str(x));
    %ロボットの同次変換行列
    T=[cos(theta),-sin(theta),x;...
        sin(theta),cos(theta),y;...
        0,0,1];
    npRobot=T*pRobot;   %ロボットの新しい位置
    figure(1);
    plot(pRobot0(1,:),pRobot0(2,:),':');   %初期位置の表示
    hold on     %現在のプロットを保持
    plot(npRobot(1,:),npRobot(2,:));        %新しい位置の表示
    hold off    %ホールドを解除
    axis equal;
    axis([-1 1 -1 1]);
    xlabel('X [m]');
    ylabel('Y [m]');
    grid on;
end
```

―――――――― プログラム 5-3 (resetValue.m) ――――――――

```matlab
set(ui1,'string','0'); %ui1 の値をリセット
set(ui2,'string','0'); %ui2 の値をリセット
set(ui5,'string','0'); %ui5 の値をリセット
set(ui6,'string','0'); %ui6 の値をリセット
set(ui7,'string','0'); %ui7 の値をリセット
figure(1);
plot(pRobot0(1,:),pRobot0(2,:),':');
axis equal;
axis([-1 1 -1 1]);
xlabel('X [m]');
```

```
ylabel('Y [m]');
grid on;
```

プログラムのインタフェースを図 5.5 に示す。点線で表すのは 2 輪移動ロボットの初期位置である。左右車輪の回転速度 v_l, v_r を 60, 20 に設定して,「Draw」ボタンを押すとロボットは実線で表す位置に移動する。右上に現在のロボットの位置と進行方向を示す。「Reset」ボタンを押すとインタフェースの中の変数をすべてリセットできる。このシミュレーションでは,制御入力と移動ロボットの位置と進行方位角の関係が視覚的に表示されるため,5.1 節に述べた内容が理解しやすい。

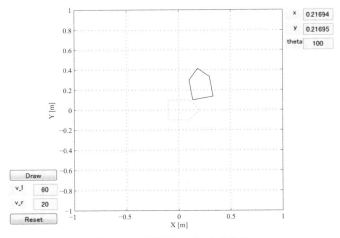

図 5.5 2 輪移動ロボットの表示

つぎに 4 輪移動ロボットに対して,軌跡生成と軌跡シミュレーションを行ってみよう。ソースコードはプログラム 5-4 のように示される。

———————— プログラム 5-4 (Fourwheels_main.m) ————————

```
clear
close all
```

5.3 シミュレーションとコード

```
clc
L=0.2; %前輪軸中心から後輪軸中心までの距離
dt=0.1;
%ロボットの初期位置
pRobot=[0.2,0.1,-0.1,-0.1,0.1,0.2;...
    0,-0.1,-0.1,0.1,0.1,0;...
    1,1,1,1,1,1];
figure(1);
plot(pRobot(1,:),pRobot(2,:),':');
axis equal;
axis([-2 2 -2 2]);
xlabel('X [m]');
ylabel('Y [m]');
grid on;
%ロボットの初期中心位置 (0,0) を設定
x0=0;
y0=0;
%ロボットの初期進行方位角を設定
theta0=0*pi/180; %角度->ラジアン
%ロボットの目標位置と進行方位角を設定
xf=1;
yf=1;
thetaf=70*pi/180; %角度->ラジアン
%軌道のパラメータ
apara=[x0^3,x0^2,x0,1;3*x0^2,2*x0,1,0;...
    xf^3,xf^2,xf,1;3*xf^2,2*xf,1,0]...
    \[y0;tan(theta0);yf;tan(thetaf)];
a3=apara(1);
a2=apara(2);
a1=apara(3);
a0=apara(4);
%軌道生成
%位置
Trajx=[0:0.05:1,1];
```

```
Trajy=a3*Trajx.^3+a2*Trajx.^2+a1*Trajx;+a0*ones(size(Trajx));
%並進速度
Trajv=hypot(diff(Trajy),diff(Trajx))/dt;
%進行方位角
Trajtheta=atan2(diff(Trajy),diff(Trajx));
Trajtheta=Trajtheta([1,1:end]);
%前輪ステアリング角
TrajsteeringAngle=atan(diff(Trajtheta)*L./(Trajv*dt));
%ロボットの現在中心位置
x=Trajx(1);
y=Trajy(1);
%ロボットの現在進行方位角
theta=Trajtheta(1);
outp=zeros(size(Trajv,2),2); %ロボットの位置記録用
for i=1:length(Trajv)
    %ロボットの進行方位角を更新
    theta=theta+Trajv(i)/L*tan(TrajsteeringAngle(i))*dt;
    %ロボットの位置を更新
    x=x+Trajv(i)*cos(theta)*dt;
    y=y+Trajv(i)*sin(theta)*dt;
    %ロボットの位置を記録
    outp(i,1)=x;
    outp(i,2)=y;
    T=[cos(theta),-sin(theta),x;...
        sin(theta),cos(theta),y;...
        0,0,1];
    npRobot=T*pRobot;
    figure(1);
    %軌道を円マーカー付の黒い点線で表す
    plot(Trajx,Trajy,':ko',npRobot(1,:),npRobot(2,:));
    hold on;
    %ロボットの中心位置を赤い点線で表す
    plot(outp(1:i,1),outp(1:i,2),':r','LineWidth',2);
    hold off;
```

```
    axis equal;
    axis([-2 2 -2 2]);
    xlabel('X [m]');
    ylabel('Y [m]');
    grid on;
end
```

プログラムの実行結果を図 5.6 に示す．このシミュレーションでは，時間によって移動ロボットの位置と進行方位角がどうなるか，生成した軌道との誤差が存在するかを視覚的に把握することができる．また，5.2 節に述べた軌道と制御入力の関係についてもとらえることができる．

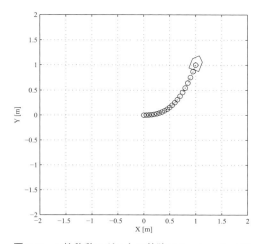

図 5.6　4 輪移動ロボットの軌跡シミュレーション

6章 ロボットアームのシミュレーション

本章では，ロボットアームの運動を解析する。まず，座標変換と同次変換について説明する。つぎに，ロボットアームの順運動学と逆運動学について述べ，ロボットアームの運動方程式を導出するためラグランジュ表現についても概説した後，MATLABによるプログラミングについて言及する。

6.1 座標変換と同次変換

ロボットアームに対して，基準座標系から各関節の座標系への座標変換が必要である。基本的な座標変換は並進変換と回転変換である。

6.1.1 並進変換

図 **6.1** に示すように，3次元空間内に基準座標系から見て平行移動した座標系の原点 O_1 の位置ベクトルを $^B\boldsymbol{p} = p_x\boldsymbol{i} + p_y\boldsymbol{j} + p_z\boldsymbol{k}$ とする。$\boldsymbol{i}$, $\boldsymbol{j}$, $\boldsymbol{k}$ は x_B, y_B, z_B 方向の単位ベクトルである。点 P 位置を基準座標系で表したものを $^B\boldsymbol{d}$，平行移動した座標系で表したものを $^1\boldsymbol{d}$ とすると，次式が得られる。

$$^B\boldsymbol{d} = {}^1\boldsymbol{d} + {}^B\boldsymbol{p} \tag{6.1}$$

図 6.1 に示すように，基準座標系でベクトル $^1\boldsymbol{d}$ を $^B\boldsymbol{p}$ だけ並進移動したときのベクトル $^B\boldsymbol{d}$ を求める座標変換と考えればよい。

6.1 座標変換と同次変換   79

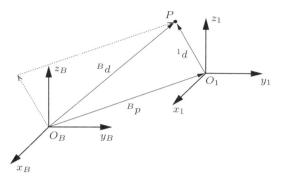

図 **6.1**　座標系の並進変換

6.1.2　回　転　変　換

図 **6.2** に示すように基準座標系の x 軸まわりに θ だけ回転する。基準座標系における単位ベクトルは

$$[\boldsymbol{i}\ \boldsymbol{j}\ \boldsymbol{k}] = \begin{bmatrix} 1 & 0 & 0 \\ 0 & 1 & 0 \\ 0 & 0 & 1 \end{bmatrix} \tag{6.2}$$

である。図 6.2 からわかるように回転後の座標系における単位ベクトル $[\boldsymbol{i}'\ \boldsymbol{j}'\ \boldsymbol{k}']$ を基準座標系で表せば

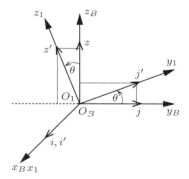

図 **6.2**　座標系の回転変換

$$[\bm{i}'\ \bm{j}'\ \bm{k}'] = \begin{bmatrix} 1 & 0 & 0 \\ 0 & \cos\theta & -\sin\theta \\ 0 & \sin\theta & \cos\theta \end{bmatrix} \tag{6.3}$$

のように変換される。すなわち

$$[\bm{i}'\ \bm{j}'\ \bm{k}'] = {}^B R_1(x,\theta)[\bm{i}\ \bm{j}\ \bm{k}] \tag{6.4}$$

回転行列 ${}^B\bm{R}_1$ は

$$ {}^B\bm{R}_1(x,\theta) = \begin{bmatrix} 1 & 0 & 0 \\ 0 & \cos\theta & -\sin\theta \\ 0 & \sin\theta & \cos\theta \end{bmatrix} \tag{6.5}$$

である。同様にして，y 軸まわりに θ 回転したときの回転行列は

$$ {}^B\bm{R}_1(y,\theta) = \begin{bmatrix} \cos\theta & 0 & \sin\theta \\ 0 & 1 & 0 \\ -\sin\theta & 0 & \cos\theta \end{bmatrix} \tag{6.6}$$

となる。また，z 軸まわりに θ 回転したときの回転行列は

$$ {}^B\bm{R}_1(z,\theta) = \begin{bmatrix} \cos\theta & -\sin\theta & 0 \\ \sin\theta & \cos\theta & 0 \\ 0 & 0 & 1 \end{bmatrix} \tag{6.7}$$

である。

　本章ではロール角，ピッチ角，ヨー角によるロボットアームの先端と各関節の姿勢を表現する。この回転変換は

$$\begin{aligned} {}^B R_1 &= R(z,\phi)R(y',\theta)R(x'',\psi) \\ &= \begin{bmatrix} c_\phi c_\theta & c_\phi s_\theta s_\psi - s_\phi c_\psi & c_\phi s_\theta c_\psi + s_\phi s_\psi \\ s_\phi c_\theta & s_\phi s_\theta s_\psi + c_\phi c_\psi & s_\phi s_\theta c_\psi - c_\phi s_\psi \\ -s_\theta & c_\theta s_\psi & c_\theta c_\psi \end{bmatrix} \end{aligned}$$

$$= \begin{bmatrix} R_{11} & R_{12} & R_{13} \\ R_{21} & R_{22} & R_{23} \\ R_{31} & R_{32} & R_{33} \end{bmatrix} \tag{6.8}$$

となる.すなわち,座標が z 軸のまわりにロール角 ϕ 回転し,新しい y' 軸のまわりにピッチ角 θ 回転し,また新しい x'' 軸のまわりにヨー角 ψ 回転した後,以上の回転変換が得られる.次項以降では,式を見やすくするため $s_* = \sin *$, $c_* = \cos *$ と表記する.

6.1.3 同 次 変 換

図 **6.3** に示すように,基準座標系が並進移動,そして軸まわりに回転した後,ベクトル $^B\boldsymbol{d}$ は

$$^B\boldsymbol{d} = {}^BR_1{}^1\boldsymbol{d} + {}^B\boldsymbol{p} \tag{6.9}$$

のように表される.回転と並進を組み合わせて実現するため,この式に一行 $[0\ 0\ 0\ 1]$ を追加して,4×4 行列となる.

$$A = \left[\begin{array}{c|c} {}^BR_1 & {}^B\boldsymbol{p} \\ \hline 0\ 0\ 0 & 1 \end{array} \right] \tag{6.10}$$

この表現は同次変換(homogenious transformation)と呼ばれる.多自由度ロボットアームに対して,各関節の間の同次変換がわかれば,基準座標系内の各関節の姿勢を計算できる.

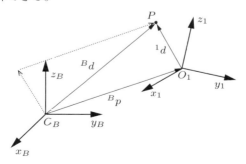

図 **6.3** 座標系の同次変換

6.2 順運動学と逆運動学

6.2.1 順 運 動 学

順運動学では,ロボットアームに各関節と角度を与えて,その先端位置と姿勢を求める問題を扱う[15]。関節空間から座標空間へ変換する行列を求めるため,ロボットアームのリンク L_i と関節 J_i の関係を D-H 法(Denavit-Hartenberg 法)で表す。

各関節に対する座標系は以下のように設定する。

① まず,ベースに基準座標系を設定する。回転関節の場合には z_B 軸を回転軸に,直動関節の場合には z_B 軸を直動変位の方向に設定する。また残りの座標軸を右手系により決める。

② つぎに各リンクごとに座標系を設定するとき,関節 J_{i+1} の回転軸または直動変位の方向に z_i を設定する。z_i と z_{i-1} 軸の共通法線方向に x_i を,右手系により y_i 軸を設定する。

そして,図 **6.4** に示すように,座標系 $i-1$ と座標系 i の関係は d_i, a_i, θ_i と α_i の四つのパラメータで表される。それぞれのパラメータの意味は,以下の通りである。

d_i:座標系 $i-1$ の原点から z_{i-1} 軸と x_i 軸との交点までの距離

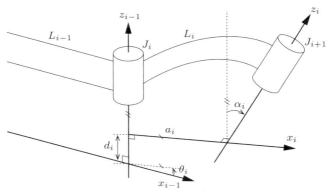

図 **6.4** D-H 法

a_i：z_{i-1} 軸と x_i 軸との交点から座標系 i の原点までの距離

θ_i：x_{i-1} 軸から x_i 軸までの z_{i-1} 軸まわりの回転角

α_i：z_{i-1} 軸から z_i 軸までの x_i 軸まわりの回転角

これより，座標系 $i-1$ から座標系 i への同次変換行列 $^{i-1}A_i$ がつぎのようになる．

$$\begin{aligned}
^{i-1}A_i &= R(z,\theta_i) \cdot T(0,0,d_i) \cdot T(a_i,0,0) \cdot R(x,\alpha_i) \\
&= \begin{bmatrix} c_{\theta_i} & -s_{\theta_i} & 0 & 0 \\ s_{\theta_i} & c_{\theta_i} & 0 & 0 \\ 0 & 0 & 1 & 0 \\ 0 & 0 & 0 & 1 \end{bmatrix} \begin{bmatrix} 1 & 0 & 0 & 0 \\ 0 & 1 & 0 & 0 \\ 0 & 0 & 1 & d_i \\ 0 & 0 & 0 & 1 \end{bmatrix} \begin{bmatrix} 1 & 0 & 0 & a_i \\ 0 & 1 & 0 & 0 \\ 0 & 0 & 1 & 0 \\ 0 & 0 & 0 & 1 \end{bmatrix} \\
&\quad \begin{bmatrix} 1 & 0 & 0 & 0 \\ 0 & c_{\alpha_i} & -s_{\alpha_i} & 0 \\ 0 & s_{\alpha_i} & c_{\alpha_i} & 0 \\ 0 & 0 & 0 & 1 \end{bmatrix} \\
&= \begin{bmatrix} c_{\theta_i} & -s_{\theta_i}c_{\alpha_i} & s_{\theta_i}s_{\alpha_i} & a_i c_{\theta_i} \\ s_{\theta_i} & c_{\theta_i}c_{\alpha_i} & -c_{\theta_i}s_{\alpha_i} & a_i s_{\theta_i} \\ 0 & s_{\alpha_i} & c_{\alpha_i} & d_i \\ 0 & 0 & 0 & 1 \end{bmatrix}
\end{aligned} \quad (6.11)$$

すなわち，n 関節ロボットにおいて，基準座標系から最後の座標系までの同次変換行列 $^B A_n$ を

$$^B A_n = {}^B A_1 \cdot {}^1 A_2 \cdots {}^{i-1}A_i \cdots {}^{n-1}A_n \quad (6.12)$$

のように求める．この同次変換行列を求める問題は順運動学の問題と呼ばれる．

6.2.2 逆 運 動 学

逆運動学とは，ロボットアームの制御したい点の位置と姿勢を与えて，各関節の角度または変位を求める問題である[15]．

与えられた点の位置と姿勢を $^B A_n$ と等しいとおいて，$^1 A_n$ はつぎの式のように計算される。

$$^B A_1^{-1} \cdot {^B A_n} = {^1 A_n} \tag{6.13}$$

したがって

$$^{i-1} A_i^{-1} \cdots {^B A_1^{-1}} \cdot {^B A_n} = {^i A_n} \tag{6.14}$$

が得られる。式 (6.14) を用いて，各関節の角度または変位が求められる。

簡単にまとめると，順運動学と逆運動学の関係は図 **6.5** のように示される。

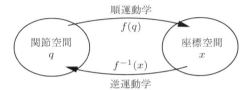

図 **6.5** 順運動学と逆運動学の関係

図 **6.6** に示す 2 リンクアームを例として，順運動学と逆運動学を解析する。この 2 リンクアームに対して，D-H 法によるパラメータを表 **6.1** に示す。

式 (6.11) を用いて

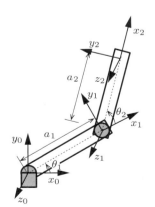

図 **6.6** 2 リンクアーム

表 6.1　2 リンクアームのパラメータ

	a_i	α_i	d_i	θ_i
リンク 1	a_1	0	0	θ_1
リンク 2	a_2	0	0	θ_2

$$
{}^BA_1 = \begin{bmatrix} c_{\theta_1} & -s_{\theta_1} & 0 & a_1 c_{\theta_1} \\ s_{\theta_1} & c_{\theta_1} & 0 & a_1 s_{\theta_1} \\ 0 & 0 & 1 & 0 \\ 0 & 0 & 0 & 1 \end{bmatrix} \tag{6.15}
$$

$$
{}^1A_2 = \begin{bmatrix} c_{\theta_2} & -s_{\theta_2} & 0 & a_2 c_{\theta_2} \\ s_{\theta_2} & c_{\theta_2} & 0 & a_2 s_{\theta_2} \\ 0 & 0 & 1 & 0 \\ 0 & 0 & 0 & 1 \end{bmatrix} \tag{6.16}
$$

が得られる。基準座標系からアーム先端座標系への同次変換行列は

$$
\begin{aligned}
{}^BA_2 &= {}^BA_1 \cdot {}^1A_2 \\
&= \begin{bmatrix} c_{\theta_1+\theta_2} & -s_{\theta_1+\theta_2} & 0 & a_1 c_{\theta_1} + a_2 c_{\theta_1+\theta_2} \\ s_{\theta_1+\theta_2} & c_{\theta_1+\theta_2} & 0 & a_1 s_{\theta_1} + a_2 s_{\theta_1+\theta_2} \\ 0 & 0 & 1 & 0 \\ 0 & 0 & 0 & 1 \end{bmatrix}
\end{aligned} \tag{6.17}
$$

となる。式 (6.10) によって，アームの先端位置は

$$
\begin{bmatrix} x \\ y \\ z \end{bmatrix} = \begin{bmatrix} a_1 c_{\theta_1} + a_2 c_{\theta_1+\theta_2} \\ a_1 s_{\theta_1} + a_2 s_{\theta_1+\theta_2} \\ 0 \end{bmatrix}
$$

となり，また，式 (6.8) により，姿勢角のロール角は

$$
\phi = \tan^{-1}\left(\frac{R_{21}}{R_{11}}\right) = \theta_1 + \theta_2
$$

ピッチ角は

$$\theta = \tan^{-1}\left(\frac{R_{31}}{\pm\sqrt{R_{11}^2 + R_{21}^2}}\right) = 0$$

ヨー角は

$$\psi = \tan^{-1}\left(\frac{R_{32}}{R_{33}}\right) = 0$$

となる．順運動学の計算結果は以上の通りである．

一方，アームの先端位置 ${}^B\boldsymbol{p} = (x,\ y,\ z=0)$ が既知の場合，式 (6.10) と式 (6.8) に代入して

$${}^B A_2 = \begin{bmatrix} R_{11} & R_{12} & R_{13} & x \\ R_{12} & R_{22} & R_{23} & y \\ R_{13} & R_{32} & R_{33} & 0 \\ 0 & 0 & 0 & 1 \end{bmatrix}$$

が得られる．式 (6.14) によって

$$\begin{bmatrix} c_{\theta_1} & s_{\theta_1} & 0 & -a_1 \\ -s_{\theta_1} & c_{\theta_1} & 0 & 0 \\ 0 & 0 & 1 & 0 \\ 0 & 0 & 0 & 1 \end{bmatrix} \begin{bmatrix} R_{11} & R_{12} & R_{13} & x \\ R_{12} & R_{22} & R_{23} & y \\ R_{13} & R_{32} & R_{33} & 0 \\ 0 & 0 & 0 & 1 \end{bmatrix}$$

$$= \begin{bmatrix} c_{\theta_2} & -s_{\theta_2} & 0 & a_2 c_{\theta_2} \\ s_{\theta_2} & c_{\theta_2} & 0 & a_2 s_{\theta_2} \\ 0 & 0 & 1 & 0 \\ 0 & 0 & 0 & 1 \end{bmatrix}$$

となる．さらに

$$\cos\theta_2 = \frac{x^2 + y^2 - a_1^2 - a_2^2}{2a_1 a_2}$$

$$x\cos\theta_1 + y\sin\theta_1 = \frac{x^2 + y^2 + a_1^2 - a_2^2}{2a_1}$$

が得られる．したがって

$$\sin\theta_2 = \pm\sqrt{1 - \left(\frac{x^2 + y^2 - a_1^2 - a_2^2}{2a_1 a_2}\right)^2}$$

$$\sin(\theta_1 + \mathrm{atan2}(x, y)) = \frac{x^2 + y^2 + a_1^2 - a_2^2}{2a_1\sqrt{x^2 + y^2}}$$

$$\cos(\theta_1 + \mathrm{atan2}(x, y)) = \pm\sqrt{1 - \left(\frac{x^2 + y^2 + a_1^2 - a_2^2}{2a_1\sqrt{x^2 + y^2}}\right)^2}$$

が得られる。

$$\begin{cases} \theta_1 = \mathrm{atan2}\left(\frac{x^2 + y^2 + a_1^2 - a_2^2}{2a_1\sqrt{x^2 + y^2}}, \sqrt{1 - \left(\frac{x^2 + y^2 + a_1^2 - a_2^2}{2a_1\sqrt{x^2 + y^2}}\right)^2}\right) \\ \theta_2 = \mathrm{atan2}\left(\sqrt{1 - \left(\frac{x^2 + y^2 - a_1^2 - a_2^2}{2a_1 a_2}\right)^2}, \frac{x^2 + y^2 - a_1^2 - a_2^2}{2a_1 a_2}\right) \end{cases} \quad (6.18)$$

$$\begin{cases} \theta_1 = \mathrm{atan2}\left(\frac{x^2 + y^2 + a_1^2 - a_2^2}{2a_1\sqrt{x^2 + y^2}}, -\sqrt{1 - \left(\frac{x^2 + y^2 + a_1^2 - a_2^2}{2a_1\sqrt{x^2 + y^2}}\right)^2}\right) \\ \theta_2 = \mathrm{atan2}\left(-\sqrt{1 - \left(\frac{x^2 + y^2 - a_1^2 - a_2^2}{2a_1 a_2}\right)^2}, \frac{x^2 + y^2 - a_1^2 - a_2^2}{2a_1 a_2}\right) \end{cases} \quad (6.19)$$

逆運動学の計算結果は以上の通りである。これらの結果から，逆運動学の解は図 **6.7** に示すように二つであることがわかる。逆運動学によって各関節の角

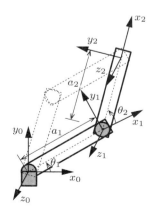

図 **6.7** 2リンクアーム

度を決めるとき唯一の解になるように，前姿勢，まわりの環境などの要素を考えながら，制限条件を追加する．

6.3　ラグランジュ表現によるモデリング

ロボットアームの運動方程式を導出する方法は，一般にニュートン・オイラー（Newton-Euler）法，ラグランジュ（Lagrange）法などがある．ニュートン・オイラー法は力のつり合いやモーメントのつり合いの条件によって運動方程式を導く方法である．しかし，多自由度ロボットアームに対して，ニュートン・オイラー法で運動方程式を求めることは難しい．ラグランジュ法は，運動エネルギーとポテンシャルエネルギーによって運動方程式が得られるので，多自由度ロボットアームに対して有効である．

ラグランジュの方程式は

$$\frac{d}{dt}\left(\frac{\partial L}{\partial \dot{q}_i}\right) - \frac{\partial L}{\partial \dot{q}_i} = \tau_i \tag{6.20}$$

で表される．

ここで，q_i は一般化座標，τ_i は一般化力である．L はつぎの式で表される．

$$L = K - P \tag{6.21}$$

L はラグラジアン，K は運動エネルギー，P はポテンシャルエネルギーである．図 **6.8** に示す 2 リンクアームを対象として，ラグランジュの方程式を導出してみよう．

m_i をアーム i の質量，I_i をアーム i の重心点まわり z 軸に関する慣性モーメント，a_i をアームの長さ，l_i を関節 i からアーム i の重心点までの距離，θ_i を関節 i の回転角度とする．アーム 1 と 2 の重心位置は，図 6.8 のようにそれぞれ表される．

$$p_{c1} = \begin{bmatrix} p_{c1x} \\ p_{c1y} \end{bmatrix} = \begin{bmatrix} l_1 \cos\theta_1 \\ l_2 \sin\theta_1 \end{bmatrix} \tag{6.22}$$

6.3 ラグランジュ表現によるモデリング

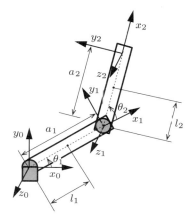

図 **6.8** 2リンクアーム

$$p_{c2} = \begin{bmatrix} p_{c2x} \\ p_{c2y} \end{bmatrix} = \begin{bmatrix} a_1 \cos\theta_1 + l_2 \cos(\theta_1 + \theta_2) \\ a_1 \sin\theta_1 + l_2 \sin(\theta_1 + \theta_2) \end{bmatrix} \tag{6.23}$$

アーム1の運動エネルギーとポテンシャルエネルギーは

$$K_1 = \frac{1}{2} m_1 v_1^T v_1 + \frac{1}{2} I_1 \dot{\theta}_1^2 \tag{6.24}$$

$$P_1 = m_1 g l_1 \sin\theta_1 \tag{6.25}$$

アーム2の運動エネルギーとポテンシャルエネルギーは

$$K_2 = \frac{1}{2} m_2 v_2^T v_2 + \frac{1}{2} I_2 (\dot{\theta}_1 + \dot{\theta}_2)^2 \tag{6.26}$$

$$P_2 = m_2 g (a_1 \sin\theta_1 + l_2 \sin(\theta_1 + \theta_2)) \tag{6.27}$$

式 (6.22) と式 (6.23) から,それぞれの並進速度が得られる。

$$\begin{bmatrix} v_{c1x} \\ v_{c1y} \end{bmatrix} = \begin{bmatrix} -l_1 \sin\theta_1 \dot{\theta}_1 \\ l_1 \cos\theta_1 \dot{\theta}_1 \end{bmatrix} \tag{6.28}$$

$$\begin{bmatrix} v_{c2x} \\ v_{c2y} \end{bmatrix} = \begin{bmatrix} -a_1 \sin\theta_1 \dot{\theta}_1 - l_2 \sin(\theta_1 + \theta_2)(\dot{\theta}_1 + \dot{\theta}_2) \\ a_1 \cos\theta_1 \dot{\theta}_1 + l_2 \cos(\theta_1 + \theta_2)(\dot{\theta}_1 + \dot{\theta}_2) \end{bmatrix} \tag{6.29}$$

したがって

$$v_1^T v_1 = l_1^2 \dot{\theta}_1^2$$
$$v_2^T v_2 = a_1^2 \dot{\theta}_1^2 + 2a_1 l_2 \cos\theta_2 \dot{\theta}_1(\dot{\theta}_1 + \dot{\theta}_2) + l_2^2(\dot{\theta}_1 + \dot{\theta}_2)^2$$

これらを式 (6.24) と式 (6.26) に代入して

$$\begin{aligned}L &= K_1 + K_2 - P_1 - P_2 \\ &= \frac{1}{2}I_1\dot{\theta}_1^2 + \frac{1}{2}m_1 l_1^2 \dot{\theta}_1^2 + \frac{1}{2}I_2(\dot{\theta}_1 + \dot{\theta}_2)^2 \\ &\quad + \frac{1}{2}m_2\left(a_1^2 \dot{\theta}_1^2 + 2a_1 l_2 \cos\theta_2 \dot{\theta}_1(\dot{\theta}_1+\dot{\theta}_2) + l_2^2(\dot{\theta}_1+\dot{\theta}_2)^2\right) \\ &\quad - m_1 g l_1 \sin\theta_1 - m_2 g(a_1 \sin\theta_1 + l_2 \sin(\theta_1+\theta_2))\end{aligned} \tag{6.30}$$

これを式 (6.20) に代入すれば，ラグランジュ方程式は

$$M(\theta)\ddot{\theta} + C(\theta,\dot{\theta}) + G(\theta) = \tau \tag{6.31}$$

となる。ここで

$$M(\theta) = \begin{bmatrix} M_{11} & M_{12} \\ M_{21} & M_{22} \end{bmatrix}$$

$$M_{11} = I_1 + I_2 + m_1 l_1^2 + m_2(a_1^2 + 2a_1 l_2 \cos\theta_2 + l_2^2)$$

$$M_{21} = I_2 + m_2(a_1 l_2 \cos\theta_2 + l_2^2)$$

$$M_{12} = M_{21}$$

$$M_{22} = I_2 + m_2 l_2^2$$

$$C(\theta,\dot{\theta}) = \begin{bmatrix} -m_2 a_1 l_2 \sin\theta_2(2\dot{\theta}_1\dot{\theta}_2 + \dot{\theta}_2^2) \\ m_2 a_1 l_2 \sin\theta_2 \dot{\theta}_1^2 \end{bmatrix}$$

$$G(\theta) = \begin{bmatrix} m_1 g l_1 \cos\theta_1 + m_2 g(a_1 \cos\theta_1 + l_2 \cos(\theta_1+\theta_2)) \\ m_2 g l_2 \cos(\theta_1+\theta_2) \end{bmatrix}$$

$M(\theta)$ は慣性力の係数，$C(\theta,\dot{\theta})$ は遠心力・コリオリ力，$G(\theta)$ は重力，τ は関節に加えるトルクである。多自由度ロボットアームの場合に対して，各アームの運動エネルギーとポテンシャルを正しく表現すれば，式 (6.20) によって，式 (6.31) のような運動方程式を導出できる。

6.4 シミュレーションとコード

6.2 節の例に対して，2 リンクアームの順運動学と逆運動学についてのシミュレーションを行ってみよう．ソースコードはプログラム **6-1**〜プログラム **6-3** のように示される．

──────── プログラム **6-1** (Kine_main.m)────────

```
clear          % ワークスペースからすべての変数を消去
close all      %すべての Figure を消去
clc            %コマンド ウィンドウのクリア
%関節 1 の回転角度
ptext1=[10 50 35 20]; %文字列'theta1' の位置
uicontrol('style','text','position',ptext1,'string','theta1');
ui1=uicontrol(1,'style','edit','string','0');  %単位 [degree]
set(ui1, 'position', [45 50 45 20]);   %ui1 の位置を設定
%関節 2 の回転角度
ptext2=[10 75 35 20]; %文字列'theta2' の位置
uicontrol('style','text','position',ptext2,'string','theta2');
ui2=uicontrol(1,'style','edit','string','0');  %単位 [degree]
set(ui2, 'position', [45 75 45 20]);   %ui2 の位置を設定
%'Kine_Draw' ボタン
ui3=uicontrol(1,'style','pushbutton','string','Kine_Draw');
%'drawRobot' を実行
set(ui3,'position',[10 100 80 20],'callback',...
    'flag=0;drawRobot');
%'Reset' ボタン
ui4=uicontrol(1,'style','pushbutton','string','Reset',...
    'FontSize',14);
%'resetValue' を実行
set(ui4,'position',[470 100 80 60],'callback','resetValue');
%'Next' ボタン（不可視）
```

```
ui12=uicontrol(1,'style','pushbutton','string','Next',...
    'Visible','off');
%'drawRobot' を実行
set(ui12,'position',[10 25 80 20],'callback',...
    'flag=2;drawRobot');
%'IKine_Draw' ボタン
ui5=uicontrol(1,'style','pushbutton','string','IKine_Draw');
%'drawRobot' を実行
set(ui5,'position',[470 370 80 20],'callback',...
    'flag=1;drawRobot');
%先端位置 x の値
ptext3=[470 345 30 20];
uicontrol('style','text','position',ptext3,'string','x');
ui6=uicontrol(1,'style','edit','string','0');   %単位 [m]
set(ui6, 'position', [500 345 50 20]);   %ui6 の位置を設定
%先端位置 y の値
ptext4=[470 320 30 20];
uicontrol('style','text','position',ptext4,'string','y');
ui7=uicontrol(1,'style','edit','string','0');   %単位 [m]
set(ui7, 'position', [500 320 50 20]);   %ui7 の位置を設定
%先端位置 z の値
ptext5=[470 295 30 20];
uicontrol('style','text','position',ptext5,'string','z');
ui8=uicontrol(1,'style','text','string','0');   %単位 [m]
set(ui8, 'position', [500 295 50 20]);   %ui8 の位置を設定
%先端姿勢 phi の値
ptext6=[470 270 30 20];
uicontrol('style','text','position',ptext6,'string','phi');
ui9=uicontrol(1,'style','text','string','0');   %単位 [degree]
set(ui9, 'position', [500 270 50 20]);   %ui9 の位置を設定
%先端姿勢 theta の値
ptext7=[470 245 30 20];
uicontrol('style','text','position',ptext7,'string','theta');
ui10=uicontrol(1,'style','text','string','0');   %単位 [degree]
```

6.4 シミュレーションとコード

```
set(ui10, 'position', [500 245 50 20]);   %ui10 の位置を設定
%先端姿勢 psi の値
ptext8=[470 220 30 20];
uicontrol('style','text','position',ptext8,'string','psi');
ui11=uicontrol(1,'style','text','string','0');   %単位 [degree]
set(ui11, 'position', [500 220 50 20]);   %ui11 の位置を設定
%アームの初期状態
a1=0.5;                    %アーム 1 の長さ [m]
a2=0.5;                    %アーム 2 の長さ [m]
pB0=[0;0;0;1];             %関節 1 の位置
pB0_1=pB0+[0;0.05;0;0];    %アーム 1 を描くための点 1
pB0_2=pB0+[0;-0.05;0;0];   %アーム 1 を描くための点 2
pB1=[a1;0;0;1];            %関節 2 の位置
pB1_1=pB1+[0;0.05;0;0];    %アーム 1 を描くための点 3
pB1_2=pB1+[0;-0.05;0;0];   %アーム 1 を描くための点 4
pB2_1=pB1+[0;0.05;0;0];    %アーム 2 を描くための点 1
pB2_2=pB1+[0;-0.05;0;0];   %アーム 2 を描くための点 2
pT=[a1+a2;0;0;1];          %先端の位置
pT_1=pT+[0;0.05;0;0];      %アーム 2 を描くための点 3
pT_2=pT+[0;-0.05;0;0];     %アーム 2 を描くための点 4
dcirA=0:0.01:2*pi;         %関節を描くための角度
dcirR=0.05;                %関節の半径 [m]
dcir=[dcirR*cos(dcirA);dcirR*sin(dcirA)];
figure(1);
%アーム 1 の表示
plot([pB0_1(1),pB1_1(1)],[pB0_1(2),pB1_1(2)],'LineWidth',3);
hold on; %現在のプロットを保持
plot([pB0_2(1),pB1_2(1)],[pB0_2(2),pB1_2(2)],'LineWidth',3);
%アーム 2 の表示
plot([pB2_1(1),pT_1(1),pT_2(1),pB2_2(1)],...
    [pB2_1(2),pT_1(2),pT_2(2),pB2_2(2)],'LineWidth',3);
%関節 1 の表示
pDraw=pB0;
plot(dcir(1,:)+pDraw(1)*ones(size(dcir(1,:))),...
```

```
    dcir(2,:)+pDraw(2)*ones(size(dcir(2,:))),'r',...
    'LineWidth',3);
%関節 2 の表示
pDraw=pB1;
plot(dcir(1,:)+pDraw(1)*ones(size(dcir(1,:))),...
    dcir(2,:)+pDraw(2)*ones(size(dcir(2,:))),'r',...
    'LineWidth',3);
hold off;        %ホールドを解除
axis equal;      %x,y 方向のデータ単位が等しくなる
%x,y 軸の表示範囲を指定(最小値 -1, 最大値 1)
axis([-0.5 1.5 -0.5 1.5]);
xlabel('X [m]');    %x 軸ラベル
ylabel('Y [m]');    %y 軸ラベル
grid on;            %グリッドラインを追加
```

―――――― プログラム **6-2** (drawRobot.m) ――――――

```
if flag==0 %順運動学
    %関節 1 の値を ui1 から読み込み
    %角度->ラジアン
    theta1=str2double(get(ui1,'string'))*pi/180;
    %関節 2 の値を ui2 から読み込み
    %角度->ラジアン
    theta2=str2double(get(ui2,'string'))*pi/180;
end
if flag==1 %逆運動学 ケース 1
    %先端位置 x の値を ui6 から読み込み
    x=str2double(get(ui6,'string'));
    %先端位置 y の値を ui7 から読み込み
    y=str2double(get(ui7,'string'));
    %関節 1 の回転角度を計算
    theta1=atan2((x^2+y^2+a1^2-a2^2)/(2*a1*sqrt(x^2+y^2)),...
        sqrt(1-((x^2+y^2+a1^2-a2^2)/...
```

6.4 シミュレーションとコード

```
        (2*a1*sqrt(x^2+y^2)))^2))-atan2(x,y);
    %関節 2 の回転角度を計算
    theta2=atan2(sqrt(1-((x^2+y^2-a1^2-a2^2)/(2*a1*a2))^2),...
        (x^2+y^2-a1^2-a2^2)/(2*a1*a2));
    set(ui12,'Visible','on'); %ui12（'Next' ボタン）を可視
end
if flag==2 %逆運動学 ケース2
    x=str2double(get(ui6,'string'));
    y=str2double(get(ui7,'string'));
    theta1=atan2((x^2+y^2+a1^2-a2^2)/(2*a1*sqrt(x^2+y^2)),...
        -sqrt(1-((x^2+y^2+a1^2-a2^2)/...
        (2*a1*sqrt(x^2+y^2)))^2))-atan2(x,y);
    theta2=atan2(-sqrt(1-((x^2+y^2-a1^2-a2^2)/...
        (2*a1*a2))^2),(x^2+y^2-a1^2-a2^2)/(2*a1*a2));
    set(ui12,'Visible','off');
end
A0=[cos(theta1),-sin(theta1),0,0;...
    sin(theta1),cos(theta1),0,0;...
    0,0,1,0;...
    0,0,0,1]; %座標系 1 から基準座標系への同次変換行列
A1=[cos(theta1),-sin(theta1),0,a1*cos(theta1);...
    sin(theta1),cos(theta1),0,a1*sin(theta1);...
    0,0,1,0;...
    0,0,0,1]; %座標系 2 から座標系 1 への同次変換行列
A2=[cos(theta2),-sin(theta2),0,a2*cos(theta2);...
    sin(theta2),cos(theta2),0,a2*sin(theta2);...
    0,0,1,0;...
    0,0,0,1]; %先端座標系から座標系 2 への同次変換行列
%アーム位置の更新
npB0_1=A0*pB0_1;
npB0_2=A0*pB0_2;
npB1=A1*pB0;
npB1_1=A1*pB0_1;
npB1_2=A1*pB0_2;
```

```
npB2_1=A1*[A2(1:3,1:3),zeros(3,1);zeros(1,3),1]*pB0_1;
npB2_2=A1*[A2(1:3,1:3),zeros(3,1);zeros(1,3),1]*pB0_2;
npT=A1*A2*pB0;
npT_1=A1*A2*pB0_1;
npT_2=A1*A2*pB0_2;
if flag==0 %順運動学
    x=npT(1); %先端位置 x の値
    y=npT(2); %先端位置 y の値
    z=npT(3); %先端位置 z の値
    R=A1(1:3,1:3)*A2(1:3,1:3);    %回転行列
    %先端姿勢 phi
    phi=atan2(R(2,1),R(1,1));
    %先端姿勢 theta
    theta=atan2(R(3,1),sqrt(R(1,1)^2+R(2,1)^2));
    %先端姿勢 psi
    psi=atan2(R(3,2),R(3,3));
    %ui6 の値を更新
    set(ui6,'string',num2str(x));
    %ui7 の値を更新
    set(ui7,'string',num2str(y));
    %ui8 の値を更新
    set(ui8,'string',num2str(z));
    %ui9 の値を更新
    set(ui9,'string',num2str(phi*180/pi));
    %ui10 の値を更新
    set(ui10,'string',num2str(theta*180/pi));
    %ui11 の値を更新
    set(ui11,'string',num2str(psi*180/pi));
else %逆運動学
    %ui1 の値を更新
    set(ui1,'string',num2str(theta1*180/pi));
    %ui2 の値を更新
    set(ui2,'string',num2str(theta2*180/pi));
    %ui9 の値を更新
```

6.4 シミュレーションとコード

```
        set(ui9,'string',num2str((theta1+theta2)*180/pi));
        if flag==2
            figure(1);
            hold on
        end
    end
end
figure(1);
dcirA=0:0.01:2*pi;
dcirR=0.05;
dcir=[dcirR*cos(dcirA);dcirR*sin(dcirA)];
figure(1);
plot([npB0_1(1),npB1_1(1)],[npB0_1(2),npB1_1(2)],...
    'LineWidth',3);
hold on;
plot([npB0_2(1),npB1_2(1)],[npB0_2(2),npB1_2(2)],...
    'LineWidth',3);
plot([npB2_1(1),npT_1(1),npT_2(1),npB2_2(1)],...
    [npB2_1(2),npT_1(2),npT_2(2),npB2_2(2)],'LineWidth',3);
pDraw=pB0;
plot(dcir(1,:)+pDraw(1)*ones(size(dcir(1,:))),...
    dcir(2,:)+pDraw(2)*ones(size(dcir(2,:))),'r',...
'LineWidth',3);
pDraw=npB1;
plot(dcir(1,:)+pDraw(1)*ones(size(dcir(1,:))),...
    dcir(2,:)+pDraw(2)*ones(size(dcir(2,:))),'r',...
    'LineWidth',3);
hold off;
axis equal;
axis([-0.5 1.5 -0.5 1.5]);
xlabel('X [m]');
ylabel('Y [m]');
grid on;
```

―――― プログラム 6-3 (resetValue.m)――――

```
set(ui1,'string','0');        %ui1 の値をリセット
set(ui2,'string','0');        %ui2 の値をリセット
set(ui6,'string','0');        %ui6 の値をリセット
set(ui7,'string','0');        %ui7 の値をリセット
set(ui8,'string','0');        %ui8 の値をリセット
set(ui9,'string','0');        %ui9 の値をリセット
set(ui10,'string','0');       %ui10 の値をリセット
set(ui11,'string','0');       %ui11 の値をリセット
set(ui12,'visible','off');    %ui12 の値をリセット
pB0=[0;0;0;1];
pB0_1=pB0+[0;0.05;0;0];
pB0_2=pB0+[0;-0.05;0;0];
pB1=[0.5;0;0;1];
pB1_1=pB1+[0;0.05;0;0];
pB1_2=pB1+[0;-0.05;0;0];
pB2_1=pB1+[0;0.05;0;0];
pB2_2=pB1+[0;-0.05;0;0];
pT=[1;0;0;1];
pT_1=pT+[0;0.05;0;0];
pT_2=pT+[0;-0.05;0;0];
dcirA=0:0.01:2*pi;
dcirR=0.05;
dcir=[dcirR.*cos(dcirA);dcirR*sin(dcirA)];
figure(1);
plot([pB0_1(1),pB1_1(1)],[pB0_1(2),pB1_1(2)],'LineWidth',3);
hold on;
plot([pB0_2(1),pB1_2(1)],[pB0_2(2),pB1_2(2)],'LineWidth',3);
plot([pB2_1(1),pT_1(1),pT_2(1),pB2_2(1)],...
    [pB2_1(2),pT_1(2),pT_2(2),pB2_2(2)],'LineWidth',3);
pDraw=pB0;
plot(dcir(1,:)+pDraw(1).*ones(size(dcir(1,:))),...
    dcir(2,:)+pDraw(2).*ones(size(dcir(2,:))),'r',...
```

```
    'LineWidth',3);
pDraw=pB1;
plot(dcir(1,:)+pDraw(1).*ones(size(dcir(1,:))),...
    dcir(2,:)+pDraw(2).*ones(size(dcir(2,:))),'r',...
    'LineWidth',3);
hold off;
axis equal;
axis([-0.5 1.5 -0.5 1.5]);
xlabel('X [m]');
ylabel('Y [m]');
grid on;
```

プログラムのインタフェースを図 **6.9** に示す。各関節の回転角度 theta1, theta2 を設定して「Kine_Draw」ボタンを押すと，対応するロボットアームがプロットされ，アームの先端位置と姿勢も表示される。逆に，アームの先端位置 x, y の値を設定して「IKine_Draw」ボタンを押すと，計算後の関節の回転角度（式 (6.18)）を表示し，対応するロボットアーム

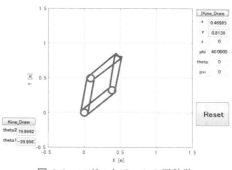

図 **6.9** ロボットアームの運動学

もプロットする。同時に，「Next」ボタンが可視になるので，このボタンを押して式 (6.19) に対する関節の回転角度とロボットアームを表示する。押した後「Next」ボタンが不可視になり，「Reset」ボタンを押すとすべてがリセットされる。このシミュレーションを使うことにより，直観的に順運動学と逆運動学の結果を見ることができるので，6.1 節と 6.2 節に述べた内容を理解しやすくなる。

6.3 節の例について，2 リンクアームの動的制御についてのシミュレーションを行う。図 **6.10** に示すように状態フィードバック制御系を設計する。制御入

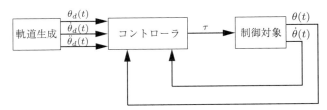

図 **6.10** 状態フィードバック制御系のブロック線図

力は

$$\boldsymbol{u} = C(\theta,\dot{\theta}) + G(\theta) + M(\theta)\left[\ddot{\theta} + D(\dot{\theta}_d - \dot{\theta}) + K(\theta_d - \theta)\right] \quad (6.32)$$

とする。ここで，K と D はパラメータである。この制御入力を式 (6.31) に代入すると，図 6.10 に示すような状態フィードバック制御系が

$$\ddot{e} + D\dot{e} + Ke = 0$$

になって，最後は $e = 0$ に収束する。ここで，$e \triangleq \theta_d - \theta$ である。3.2 節で状態空間表現を紹介するとき，Simulink による線形系の状態方程式に対するブロック線図（図 3.13 と図 3.14）を示した。式 (6.31) に対して，非線形系の状態方程式に変換すると

$$\dot{\boldsymbol{x}} = f(\boldsymbol{x}) + g(\boldsymbol{x})\boldsymbol{u} \quad (6.33)$$
$$y = [1\ \ 1\ \ 0\ \ 0]\boldsymbol{x} \quad (6.34)$$

となる。ここで

$$\boldsymbol{x} = \begin{bmatrix} \theta_1 & \theta_2 & \dot{\theta}_1 & \dot{\theta}_2 \end{bmatrix}$$
$$\boldsymbol{u} = \begin{bmatrix} \tau_1 & \tau_2 \end{bmatrix}^T$$

$$f(\boldsymbol{x}) = \begin{bmatrix} \dot{\theta}_1 \\ \dot{\theta}_2 \\ M(\theta)^{-1}(-C(\theta,\dot{\theta}) - G(\theta)) \end{bmatrix}$$

$$g(\boldsymbol{x}) = \begin{bmatrix} 0_{2\times 2} \\ M(\theta)^{-1} \end{bmatrix}$$

そして，式 (6.32)〜式 (6.34) に対してブロック線図をつくる。

線形系のブロック線図（図 3.13 と図 3.14）のつくり方を参照して，図 **6.11** に示すような非線形系のブロック線図をつくる．図 6.11 の中の MATLAB Function (Trajectory, Controller, InvM, C, G) はプログラム **6-4**〜プログラム **6-8** のように示される．

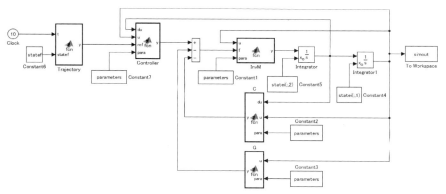

図 **6.11** Simulink によるブロック線図 (Lagrange.slx)

──────── プログラム **6-4** (Trajectory) ────────

```
function y = fcn(t,statef)
%入力：時間 t
%     目標状態 statef
%出力：軌道
%5 次関数を用いて軌道生成
%5 次関数
%     f(0)=0;    f(T)=fy;
%     df(0)=0;   df(T)=0;
%     ddf(0)=0;  ddf(T)=0;
%     f=paraA1*t^5+paraA2*t^4+paraA3*t^3
T=10; %動く時間
```

```
%5次関数の係数
paraA=[T^5 T^4 T^3;...
    5*T^4 4*T^3 3*T^2;...
    20*T^3 12*T^2 6*T]\statef';
%軌道（各関節の参照回転角度）
tmp=[t^5 t^4 t^3;...
    5*t^4 4*t^3 3*t^2;...
    20*t^3 12*t^2 6*t]*paraA;
y = tmp';
```

──────────── プログラム 6-5 (Controller) ────────────

```
function y = fcn(du,u,ref,para)
%入力：各関節の回転速度 du
%      各関節の回転角度 u
%      各関節の参照回転角度 ref
%      システムに関するパラメータ para
%出力：トルク
m1=para(1);
m2=para(2);
I1=para(3);
I2=para(4);
a1=para(5);
l1=para(7);
l2=para(8);
g=para(9);
D=100*eye(2);   %微分制御のゲイン
K=100*eye(2);   %比例制御のゲイン
%慣性力の係数
M11=I1+I2+m1*l1^2+m2*(a1^2+2*a1*l2*cos(u(2))+l2^2);
M12=I2+m2*(a1*l2*cos(u(2))+l2^2);
M21=M12;
M22=I2+m2*l2^2;
```

```
qref2dot=ref(:,3);  %参照回転加速度
qrefdot=ref(:,2);   %参照回転速度
qref=ref(:,1);      %参照回転角度
%遠心力・コリオリ力
C1=-m2*a1*l2*sin(u(2))*(2*du(1)*du(2)+du(2)^2);
C2=m2*a1*l2*sin(u(2))*du(1)^2;
%重力
G1=m1*g*l1*cos(u(1))+m2*g*(a1*cos(u(1))+l2*cos(u(1)+u(2)));
G2=m2*g*l2*cos(u(1)+u(2));
y = [C1;C2]+[G1;G2]+...
    [M11,M12;M21,M22]*(qref2dot+D*(qrefdot-du)+K*(qref-u));
```

――――――――― プログラム 6-6 (InvM) ―――――――――

```
function y = fcn(u,f,para)
%入力：各関節の回転角度 u
%      トルク f
%      システムに関するパラメータ para
%出力：各関節の回転加速度
%Inverse M(theta)
m1=para(1);
m2=para(2);
I1=para(3);
I2=para(4);
a1=para(5);
l1=para(7);
l2=para(8);
g=para(9);
M11=I1+I2+m1*l1^2+m2*(a1^2+2*a1*l2*cos(u(2))+l2^2);
M12=I2+m2*(a1*l2*cos(u(2))+l2^2);
M21=M12;
M22=I2+m2*l2^2;
y = [M11,M12;M21,M22]\f;
```

────── プログラム 6-7 (C) ──────

```
function y = fcn(du,u,para)
%入力：各関節の回転速度 du
%      各関節の回転角度 u
%      システムに関するパラメータ para
%出力：遠心力・コリオリ力
% C(theta,dtheta)
m2=para(2);
a1=para(5);
l2=para(8);
y1=-m2*a1*l2*sin(u(2))*(2*du(1)*du(2)+du(2)^2);
y2=m2*a1*l2*sin(u(2))*du(1)^2;
y = [y1;y2];
```

────── プログラム 6-8 (G) ──────

```
function y = fcn(u,para)
%入力：各関節の回転角度 u
%      システムに関するパラメータ para
%出力：重力
% G(theta)
m1=para(1);
m2=para(2);
a1=para(5);
l1=para(7);
l2=para(8);
g=para(9);
y1=m1*g*l1*cos(u(1))+m2*g*(a1*cos(u(1))+l2*cos(u(1)+u(2)));
y2=m2*g*l2*cos(u(1)+u(2));
y = [y1;y2];
```

6.4 シミュレーションとコード

プログラム 6-9 には，アームのパラメータ，初期状態と目標状態を設定して，図 6.11 に示すようなブロック線図を開いて実行する．最後に，**プログラム 6-10** を実行してシミュレーション結果をプロットする．

──────── プログラム **6-9** (Lag_main.m)────────

```
clear
close all
clc
m1=5;           %アーム 1 の質量 [kg]
m2=5;           %アーム 2 の質量 [kg]
a1=1;           %アーム 1 の長さ [m]
a2=1;           %アーム 2 の長さ [m]
I1=m1*a1^2/3;   %アーム 1 の慣性モーメント
I2=m2*a2^2/3;   %アーム 2 の慣性モーメント
l1=0.5;         %関節 1 からアーム 1 の重心点までの距離
l2=0.5;         %関節 2 からアーム 2 の重心点までの距離
g=9.8;
parameters=[m1,m2,I1,I2,a1,a2,l1,l2,g]; %以上のパラメータ
statei=[[0;0],[0;0],[0;0]];          %初期状態
statef=[[pi/4;pi/4],[0;0],[0;0]];    %目標状態
%Simulink の実行
filename='Lagrange'; %ファイル名（拡張子なし）
open(filename);      %Simulink ファイルを開く
sim(filename);       %Simulink を実行
%Simulink の実行結果を描く
drawLag
```

──────── プログラム **6-10** (drawLag.m)────────

```
a1=1;
a2=1;
pB0=[0;0;0;1];
```

```
pB0_1=pB0+[0;0.05;0;0];
pB0_2=pB0+[0;-0.05;0;0];
pB1=[a1;0;0;1];
pB1_1=pB1+[0;0.05;0;0];
pB1_2=pB1+[0;-0.05;0;0];
pB2_1=pB1+[0;0.05;0;0];
pB2_2=pB1+[0;-0.05;0;0];
pT=[a1+a2;0;0;1];
pT_1=pT+[0;0.05;0;0];
pT_2=pT+[0;-0.05;0;0];
for i=1:length(simout.time)
    theta1=simout.data(i,1);
    theta2=simout.data(i,2);
    A0=[cos(theta1),-sin(theta1),0,0;...
        sin(theta1),cos(theta1),0,0;...
        0,0,1,0;...
        0,0,0,1];
    A1=[cos(theta1),-sin(theta1),0,a1*cos(theta1);...
        sin(theta1),cos(theta1),0,a1*sin(theta1);...
        0,0,1,0;...
        0,0,0,1];
    A2=[cos(theta2),-sin(theta2),0,a2*cos(theta2);...
        sin(theta2),cos(theta2),0,a2*sin(theta2);...
        0,0,1,0;...
        0,0,0,1];
    npB0_1=A0*pB0_1;
    npB0_2=A0*pB0_2;
    npB1=A1*pB0;
    npB1_1=A1*pB0_1;
    npB1_2=A1*pB0_2;
    npB2_1=A1*[A2(1:3,1:3),zeros(3,1);zeros(1,3),1]*pB0_1;
    npB2_2=A1*[A2(1:3,1:3),zeros(3,1);zeros(1,3),1]*pB0_2;
    npT=A1*A2*pB0;
    npT_1=A1*A2*pB0_1;
```

6.4 シミュレーションとコード

```
npT_2=A1*A2*pB0_2;
figure(1);
dcirA=0:0.01:2*pi;
dcirR=0.05;
dcir=[dcirR*cos(dcirA);dcirR*sin(dcirA)];
figure(1);
mycolor1='b';     %アームを描く線の設定(青い実線)
mycolor2='r';     %関節を描く線の設定(赤い実線)
flg_draw=1;       %図を描くかどうかのフラグ
%毎周期に図を描くかどうかのフラグ
% 0：最初，中間，最終の周期の結果を描く
% 1：毎周期の結果を描く
flg_drawCont=0;
if flg_drawCont~=1
    if i==1||i==length(simout.time)/2 %最初と中間の周期
        mycolor1='b:';
        mycolor2='r:';
        flg_draw=1;
    elseif i==length(simout.time) %最終の周期
        flg_draw=1;
    else
        flg_draw=0;
    end
end
if flg_draw==1
    plot([npB0_1(1),npB1_1(1)],[npB0_1(2),npB1_1(2)],...
        mycolor1,'LineWidth',3);
    hold on;
    plot([npB0_2(1),npB1_2(1)],[npB0_2(2),npB1_2(2)],...
        mycolor1,'LineWidth',3);
    plot([npB2_1(1),npT_1(1),npT_2(1),npB2_2(1)],...
        [npB2_1(2),npT_1(2),npT_2(2),npB2_2(2)],...
        mycolor1,'LineWidth',3);
    pDraw=pB0;
```

```
            plot(dcir(1,:)+pDraw(1)*ones(size(dcir(1,:))),...
                dcir(2,:)+pDraw(2)*ones(size(dcir(2,:))),...
                mycolor2,'LineWidth',3);
            pDraw=npB1;
            plot(dcir(1,:)+pDraw(1)*ones(size(dcir(1,:))),...
                dcir(2,:)+pDraw(2)*ones(size(dcir(2,:))),...
                mycolor2,'LineWidth',3);
            if flg_drawCont==1
                hold off;
            end
        end
        axis equal;
        axis([-1 3 -1 3]);
        xlabel('X [m]');
        ylabel('Y [m]');
        grid on;
end
```

シミュレーション結果を図 **6.12** に示す。このシミュレーションでは，2リンクアームの動的制御を行うことができる。式 (6.31) のような運動方程式に対してのほかの制御方法については，文献15) などを参照してこのシミュレーションのプログラムに実装し，試してもらうとよい。

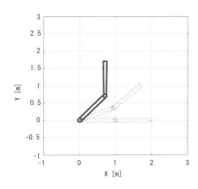

図 **6.12** シミュレーション結果

7章 非線形システム制御のシミュレーション

3章では，線形システムの表現方法として伝達関数表現と状態空間表現を紹介した．本章では，新しい非線形システムの表現方法としてオペレータ表現について紹介する．つぎに，スマートアクチュエータを制御対象として非線形モデルを作成し，オペレータ理論にもとづく制御方法についても説明する．そして最後に，MATLABによるプログラミングについて言及する．

7.1 オペレータ表現

非線形プラントに対する制御系設計に際し，制御対象を線形近似したプラントモデルや制御系設計手法を用いた場合，大きなモデル化誤差が発生する．その結果，設計した制御系の追従特性が劣化したり，制御系が不安定に陥ったりする場合がある．このような背景を鑑み，オペレータ（Operator）理論にもとづく制御系の設計手法がある．この設計手法は，プラントを入力信号の空間から出力信号の空間への非線形オペレータ表現と見なして，プラントのモデル化および制御系の設計を行うものである．本節はオペレータ表現に関する定義を簡単に紹介する．

7.1.1 n-線形オペレータ

X と Y を複素数値関数の線形空間とし，任意の $x_1, x_2, \cdots, x_n \in X$ に対してテンソル積 $x_1 x_2 \cdots x_n$ は Y 内の well-defined 要素である．X の n-積空間を

$$X^n = X \times \cdots \times X$$

とする。X^n の一つの要素 $\boldsymbol{x}$ は $\boldsymbol{x} = (x_1, \cdots, x_n) \in X^n$ で表される。

オペレータ $f_n : X^n \to Y$ は各要素 $x_k : k = 1, \cdots, n$ に対して線形であるとき，f_n は n-線形オペレータという。もし f_n は X^n 内任意の有界集合から Y 内の一つの有界集合への写像とすれば，f_n は有界 n-線形オペレータという。

7.1.2 非線形 Lipschitz オペレータ

線形空間 X の各 x に対して，つぎの条件

① $\|x\| \geqq 0 \quad (x \in X)$

② $\|x\| = 0$ ならば，$x = 0$。逆も成り立つ。

③ $\|ax\| = |a|\|x\|$

④ $\|x_1 + x_2\| \leqq \|x_1\| + \|x_2\| \quad (x_1, x_2 \in X)$

を満たすように定義されているとき，$\|x\|$ を x のノルム（norm）といい，X をノルム空間という。

U_s と Y_s を複素数体 $\mathcal{C}$ 上のノルム線形空間とし，オペレータ $A : U_s \to Y_s$ を空間 U_s から空間 Y_s への写像とする。$\mathcal{D}(A)$ と $\mathcal{R}(A)$ は A の定義域と値域である。$\mathcal{D}(A)$ は U_s の線形部分空間，そして，すべての $x_1, x_2 \in \mathcal{D}(A)$，すべての $a, b \in \mathcal{C}$ に対して

$$A : ax_1 + bx_2 \to aA(x_1) + bA(x_2)$$

を満たすとき，オペレータ $A : \mathcal{D}(A) \to Y_s$ は線形といい，満たさないものを非線形という。

$\mathcal{N}(U_s, Y_s)$ を $\mathcal{D}(A) \subseteq U_s$ から Y_s へのすべての非線形オペレータの族とし，$\mathcal{L}(U_s, Y_s)$ を U_s から Y_s への有界線形オペレータの族とする。明らかに $\mathcal{L}(U_s, Y_s) \in \mathcal{N}(U_s, Y_s)$ が成立する。

ここで D_s を U_s の部分集合とし，$\mathcal{F}(D_s, Y_s)$ を $\mathcal{N}(U_s, Y_s)$ 内のオペレータの族とする，かつ $\mathcal{D}(A) = D_s$。（部分）$\mathcal{F}(D_s, Y_s)$ に対して，$\|A\|$ が有界のとき，（半）ノルムをつぎの式で定義される。

$$\|A\| := \sup_{\substack{x_1, x_2 \in D_s \\ x_1 \neq x_2}} \frac{\|A(x_1) - A(x_2)\|_{Y_s}}{\|x_1 - x_2\|_{U_s}} \tag{7.1}$$

一般的に，$\|A\|$ は半ノルムとなり，$\|A\| = 0$ のため，$A = 0$ である必要がない．すなわち，A が定数オペレータ（0 である必要がない）のとき，$\|A\| = 0$ が成り立つ．

ここで，$\|A\| < \infty$ を満たす各要素 A に対して，$Lip(D_s, y_s)$ を $\mathcal{F}(D_s, Y_s)$ の部分集合とする．各 $A \in Lip(D_s, Y_s)$ は Lipschitz オペレータと呼ばれ，$\|A\|$ は D_s 上のオペレータ A の Lipschitz 半ノルムと呼ばれる．

非負の実数定数 $L \geqq 0$ があって，D_s 内のすべての要素 x_1, x_2 について

$$\|A(x_1) - A(x_2)\|_{Y_s} \leqq L\|x_1 - x_2\|_{D_s} \tag{7.2}$$

が成り立つとき，$\mathcal{F}(D_s, Y_s)$ の要素 A は，$Lip(D_s, Y_s)$ 内であることがわかる．$\|A\|$ は L の最小のものである．そして，Lipschitz オペレータは定義域内に有界，かつ連続であることもわかる．

7.1.3 一般化 Lipschitz オペレータ

U^e と Y^e を時間定義域 $[0, \infty)$ で定義された Banach 空間 X_B と Y_B と関連する拡張線形空間とし，D^e は U^e の部分集合とする．すべての要素 $x, \tilde{x} \in D^e$, かつ $T \in [0, \infty]$ について

$$\|[A(x)]_T - [A(\tilde{x})]_T\|_{Y_B} \leqq L\|x_T - \tilde{x}_T\|_{U_B} \tag{7.3}$$

の式を満たすように定数 L が存在すれば，非線形オペレータ $A: D^e \to Y^e$ は，D^e 上の一般化 Lipschitz オペレータと呼ばれる．L が最小のものは次式で表される．

$$\|A\| := \sup_{T \in [0,\infty)} \sup_{\substack{x, \tilde{x} \in D^e \\ x_T \neq \tilde{x}_T}} \frac{\|[A(x)]_T - [A(\tilde{x})]_T\|_{Y_B}}{\|x_T - \tilde{x}_T\|_{U_B}} \tag{7.4}$$

非線形オペレータ A に対しての実ノルムは

$$\|A\|_{Lip} = \|A(x_0)\|_{Y_B}$$
$$+ \sup_{T \in [0,\infty)} \sup_{\substack{x, \tilde{x} \in D^e \\ x_T \neq \tilde{x}_T}} \frac{\|[A(x)]_T - [A(\tilde{x})]_T\|_{Y_B}}{\|x_T - \tilde{x}_T\|_{U_B}} \quad (7.5)$$

である．次項以降のノルム $\|\cdot\|_{Lip}$ は式 (7.5) によって計算される．

7.1.4 ロバスト右既約分解

本項では，非線形オペレータ P の安定性に文献17) と同じ定義を採用する．すなわち，有界な入力信号 $u(t) \in U_s$ に対して出力 $P[u](t) \in Y_s$ が有界であるとき，オペレータ P は安定であるという．さらに，安定な非線形オペレータ M に対してその逆オペレータ M^{-1} が存在し，M^{-1} が安定である場合，M はユニモジュラオペレータであるという．

上記の非線形オペレータ P の内部状態信号空間 W を定義する．オペレータ P に対し，安定なオペレータ $N : W \to Y$ および安定かつ可逆な $D : W \to U$ が存在して，それぞれの値域が $N(W) = Y$, $D(W) = U$ であり，かつ，すべての $u(t) \in U$ に対して

$$P[u](t) = ND^{-1}[u](t) \quad (7.6)$$

のとき，D, N は P の右分解という．さらに，安定なオペレータ $A : Y \to U$, および安定かつ可逆なオペレータ $B : U \to U$ により，すべての $w(t) \in W$ に対して

$$AN[w](t) + BD[w](t) = M[w](t) \quad (7.7)$$

が成立するとき，D, N は P の右既約分解という．ここで，M はユニモジュラオペレータである．

不確かさを含むオペレータ $P + \Delta P$ は不確かさを表現するオペレータ ΔN を用いて次式の通りに右分解できるものとする．

$$(P + \Delta P)[u](t) = (N + \Delta N)D^{-1}[u](t) \quad (7.8)$$

ここで，不確かさ $\Delta N : W \to Y$ は安定かつ既知とし，さらに，$P + \Delta P$ は因果的かつ良設定（well-posed）とする．ここで，同じコントローラで安定性が保証される条件として，Bezout 等式（式 (7.7)）と式 (7.9) と不等式（式 (7.10)）が成立することが挙げられる．このとき式 (7.6) より，$P + \Delta P$ はロバスト右既約分解をもつ．図 7.1 に示すようなシステムがロバスト安定である[17]．

$$A(N + \Delta N)[w](t) + BD[w](t) = \tilde{M}[w](t) \tag{7.9}$$

$$\|M^{-1}\|_{Lip}\|A(N + \Delta N) - AN\|_{Lip} < 1 \tag{7.10}$$

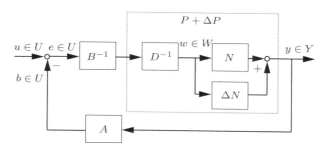

図 7.1　非線形フィードバックシステム

7.2　スマートアクチュエータの非線形モデリング

近年，スマート材料の発展にともなって，多くの種類のアクチュエータが開発されている．しかし，ヒステリシス特性がスマート材料には広く存在し，これがアクチュエータの性能に影響を及ぼすだけでなく，望ましくない振動や不安定性の原因になることもある．

本節では，圧電素子アクチュエータを対象として，現象モデルである Prandtl-Ishlinskii（PI）モデルの play タイプを用いて圧電素子アクチュエータがもつヒステリシスを表現する．

play ヒステリシスオペレータは

7. 非線形システム制御のシミュレーション

$$F_h[u](t) = \begin{cases} u(t) + h, & u(t) \leq F_h[u](t_i) - h \\ F_h[u](t_i), & -h < u(t) - F_h[u](t_i) < h \\ u(t) - h, & u(t) \geq F_h[u](t_i) + h \end{cases} \quad (7.11)$$

である．ここで，$F_h[u](0) = \max(u(0) - h, \min(u(0) + h, q_{-1}))$ である．

Lipschitz オペレータにもとづく PI モデルは上記の play ヒステリシスオペレータ（式 (7.11)）の重ね合わせであり，次式で表される．

$$\begin{aligned} u^*(t) &= P_I[u](t) \\ &= \int_0^H p(h) F_h[u](t) dh \\ &= D_{PI}[u](t) + \Delta[u](t) \end{aligned} \quad (7.12)$$

ここで

$$\begin{aligned} D_{PI}[u](t) &= Ku(t) \\ \Delta[u](t) &= -\int_0^{h_x} S_n h p(h) dh + \int_{h_x}^H p(h) F_h[u](t_i) dh \\ K &= \int_0^{h_x} p(h) dh \\ S_n &= \begin{cases} 1, & \text{if } u(t) - F_h[u](t_i) \geq 0 \\ -1, & \text{if } u(t) - F_h[u](t_i) < 0 \end{cases} \end{aligned}$$

h_x は，$h \in [0, h_x]$ のとき $h \leq |u(t) - F_h[u](t_i)|$ を満たす最大の数である．$p(h)$ は密度関数であり，$h > H$ のとき $p(h) = 0$ とする．次節ではこの PI モデルを用いて，スマートアクチュエータがもっているヒステリシスを表す．

7.3 オペレータにもとづく制御方法

本節では，スマートアクチュエータ（圧電素子アクチュエータ）を含む制御系の一つとして，オペレータにもとづくフレキシブルアームの制御方法を述べる．圧電素子アクチュエータの配置は図 **7.2** に示される．

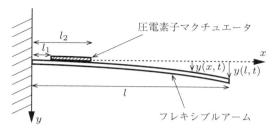

図 7.2 フレキシブルアームシステムの平面図

フレキシブルアームのモデルは式 (7.13) で表される。ここで、フレキシブルアームの 1 次モードを P とし、2 次以上のモードを ΔP とする。

$$[P + \Delta P][u^*](t)$$
$$= [N + \Delta N]D^{-1}[u^*](t)$$
$$= (1 + \Delta_1)J_1 \int_0^t e^{-\frac{\alpha_1}{2}(t-\tau)} \cdot \sin\frac{\beta_1}{2}(t-\tau) \cdot u^*(t)d\tau \qquad (7.13)$$

ここで

$$[N + \Delta N][w](t) = (1 + \Delta_1)J_1 e^{-\frac{\alpha_1}{2}t} \int_0^t \sin\frac{\beta_1}{2}(t-\tau) \cdot w(\tau)d\tau$$

$$D[w](t) = e^{-\frac{\alpha_1}{2}t} w(t)$$

$$J_1 = \frac{2\omega_1(x)}{\rho S \psi_1 \beta_1}[\omega_1'(l_2) - \omega_1'(l_1)]$$

$$\alpha_1 = k_1^2 C_M$$

$$\beta_1 = \sqrt{4k_1^2 - k_1^4 C_M^2}$$

$$k_1 = \sqrt{\frac{\lambda_1^4 \cdot E \cdot I}{\rho \cdot S}}$$

u^* は式 (7.12) とする。ω_1 はフレキシブルアームの 1 次モード関数である。具体的な表現は次式で示される。

$$\omega_1(x) = B_1[(\sinh\lambda_1 l + \sin\lambda_1 l)(\cosh\lambda_1 x - \cos\lambda_1 x)$$
$$-(\cosh\lambda_1 l + \cos\lambda_1 l)(\sinh\lambda_1 x - \sin\lambda_1 x)]$$

ここで，$\lambda_1 l = 1.875$，B_1 は定数である。

式 (7.12) と式 (7.13) に対するコントローラをロバスト右既約分解を用いて設計すると

$D_{PI}[u](t) = 0$ のとき
$$\begin{cases} A^*[y](t) = ((e^{t/2} + \Delta_1)^2 - (e^{(1-\alpha_1/2)t} + \Delta_1))(g(t))^2 \\ B[u](t) = I[u](t) \end{cases}$$

$D_{PI}[u](t) \neq 0$ のとき
$$\begin{cases} A[y](t) = \left((e^{t/2} + \Delta_1)^2 - \dfrac{(e^{(1-\alpha_1/2)t} + \Delta_1)}{K}\right)(g(t))^2 \\ B[u](t) = I[u](t) \end{cases}$$

となる。図 **7.3** はフレキシブルアームに対する非線形制御系のブロック線図である。P_I はヒステリシスを表現するためのオペレータである。図 7.3 において，トラッキングコントローラを次式のように設計する。

$$C^*(r(t), z) = \frac{1}{1 - e^{-t}z_1}A^*(r)(t) - z_1 z_2$$
$$C(r(t), z) = \frac{1}{1 - e^{-t}z_1}A(r)(t) - z_1 z_2$$

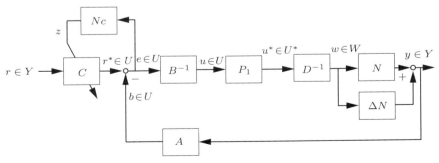

図 **7.3** フレキシブルアームに対する非線形制御系

ここで，パラメータ z_1 および z_2 はそれぞれオペレータ N_c により生成される信号である。

$$z = (z_1, z_2) = \begin{cases} (1, B(\Delta - I)[u](t)), & D_{PI}[u](t) = 0 \text{ のとき} \\ (D_{PI}^{-1}, B\Delta[u](t)), & D_{PI}[u](t) \neq 0 \text{ のとき} \end{cases}$$

ここまでフレキシブルアームの制振制御のためのオペレータにもとづくコントローラを設計した。この制御方法の有効性を検証するために行ったシミュレーション結果とコードを次節に示す。

7.4 シミュレーションとコード

図 7.2 のようなフレキシブルアームシステムに関するパラメータは表 **7.1** に示される。ヒステリシスモデルの密度関数は $p(h) = 0.2 \times 10^{-4} \mathrm{e}^{-0.067(h-1)^2}$，$h \in [0, 50]$ とし，$\Delta_1 = 0.5 \mathrm{e}^{-t}$ とする。

表 **7.1** フレキシブルアームシステムのパラメータ

	記号	値	単位記号
アームの長さ	l	0.5	〔m〕
アームの断面積	S	60.0×10^{-6}	〔m^2〕
アームの密度	μ	8 030.0	〔kg/m^3〕
アームのヤング率	E	1.97×10^{11}	〔N/m^2〕
アームの減衰係数	C	0.00005	〔Ns/m〕
圧電素子の左端位置	l_1	10.0×10^{-3}	〔m〕
圧電素子の右端位置	l_2	60.0×10^{-3}	〔m〕

シミュレーションのソースコードはプログラム **7-1**〜プログラム **7-3** のように示される。

──────── プログラム **7-1** (flexArmCtrl.m) ────────

```
clear       % ワークスペースからすべての変数を消去
close all   %すべてのFigureを消去
clc         %コマンド ウィンドウのクリア
%圧電素子に関するパラメータ
```

```
pwid=0.02;         %幅 [m]
Ep=7.14*10^10;     %ヤング率
d=2.5*10^(-10);    %圧電定数
tp=0.0002;         %厚さ [m]
%フレキシブルアームに関するパラメータ
len=0.5;           %長さ [m]
len1=0.01;         %圧電素子左端の位置
len2=0.06;         %圧電素子右端の位置
awid=0.02;         %幅 [m]
ath=0.003;         %厚さ [m]
rho=8030;          %SUS 304 の密度
E=1.97*10^11;      %ヤング率
C=0.00005;         %減衰係数
lambda=1.875/len;
B=1;
%----------------------ほかのパラメータ--------------------------
I=awid*ath^3/12; %断面2次モーメント
K1=sqrt(lambda^4*E*I/rho/awid/ath);
alpha=K1^2*C;
beta=sqrt(4*K1^2-K1^4*C^2);
Mp=-0.5*pwid*Ep*d*(ath+tp);
W1=B*((sinh(lambda*len)+sin(lambda*len))*(cosh(lambda*len)...
    -cos(lambda*len))-(cosh(lambda*len)+cos(lambda*len))...
    *(sinh(lambda*len)-sin(lambda*len)));
Wdot1=B*((sinh(lambda*len)+sin(lambda*len))*(lambda...
    *sinh(lambda*len1)+lambda*sin(lambda*len1))...
    -(cosh(lambda*len)+cos(lambda*len))*(lambda...
    *cosh(lambda*len1)-lambda*cos(lambda*len1)));
Wdot2=B*((sinh(lambda*len)+sin(lambda*len))*(lambda...
    *sinh(lambda*len2)+lambda*sin(lambda*len2))-...
    (cosh(lambda*len)+cos(lambda*len))*(lambda*...
    cosh(lambda*len2)-lambda*cos(lambda*len2)));
phi=integral(@myfun,0,0.5);
A1=2*W1*(Wdot2-Wdot1)/(rho*awid*ath*phi*beta)*Mp;
%------------------------------------------------------------
dt=0.01;        %サンプリング間隔
```

7.4 シミュレーションとコード

```
end_time=20;    %終了時間
cnt=1;
y=0;
w1=0.01;        %play ヒステリシスオペレータの出力の初期値
v0=0;           %play ヒステリシスオペレータの入力の初期値
Nr=50;          %play ヒステリシスオペレータの個数
ra=1;
for r=1:Nr+1
    p(r)=0.2*exp(-0.067*((r-1)*ra-1)^2);  %PI モデルの密度関数
    %play ヒステリシス（初期）
    Fr0(r)=max(v0-(r-1)*ra,min(v0+(r-1)*ra,w1));
end
%------------------------------------------------------------------
for i=dt:dt:end_time
    delta=0.5*exp(-i);  %不確かさ
    if i<=5% before 5sec
        Vd(cnt)=150*sin(2*pi*i/0.1042);  %発振入力信号
        V(cnt)=0;
        %---------------PI play タイプヒステリシスモデル--------------
        rc=0;
        for r=1:Nr+1
            if (r-1)*ra<=abs(Vd(cnt)-Fr0(r))
                rc=rc+1;
            else
                break;
            end
        end
        a1=0;
        a2=0;
        a3=0;
        if rc==1
            for r=1:Nr+1
                Frv(r)=max(Vd(cnt)-(r-1)*ra,min(Vd(cnt)...
                    +(r-1)*ra,Fr0(r)));
                a3=a3+p(r)*Fr0(r)*ra;
            end
```

```
            a1=1;
            a2=0;
            a3=a3-Vd(cnt);

        elseif rc==Nr+1
            for r=1:Nr+1
                Frv(r)=max(Vd(cnt)-(r-1)*ra,min(Vd(cnt)...
                    +(r-1)*ra,Fr0(r)));
                a1=a1+p(r)*ra;
                a2=a2+sign(Vd(cnt)-Fr0(r))*p(r)*ra*(r-1)*ra;
            end
            a3=0;
        else
            for r=1:rc
                Frv(r)=max(Vd(cnt)-(r-1)*ra,min(Vd(cnt)...
                    +(r-1)*ra,Fr0(r)));
                a1=a1+p(r)*ra;
                a2=a2+sign(Vd(cnt)-Fr0(r))*p(r)*ra*(r-1)*ra;
            end
            for r=rc+1:Nr+1
                Frv(r)=max(Vd(cnt)-(r-1)*ra,min(Vd(cnt)...
                    +(r-1)*ra,Fr0(r)));
                a3=a3+p(r)*Fr0(r)*ra;
            end

        end
        %---------------------------end---------------------------
        inputP(cnt)=a1*Vd(cnt)+(a3-a2); %制御入力
    end
    if i>5% after 5sec
        Vd(cnt)=0;
        %参照信号
        ref=500*1.8*exp(-1.5*(i-5))*sin(-2*pi*(i-5)/0.1042);
        %--------------- PI play タイプヒステリシスモデル --------------
        V(cnt)=ref;
        rc=0;
```

7.4 シミュレーションとコード

```
        V(cnt)=exp(-0.5*alpha*(i-5))*V(cnt);
        for r=1:Nr+1
            if (r-1)*ra<=abs(V(cnt)-Fr0(r))
                rc=rc+1;
            else
                break;
            end
        end
        a1=0;
        a2=0;
        a3=0;
        if rc==1
            for r=1:Nr+1
                Frv(r)=max(V(cnt)-(r-1)*ra,min(V(cnt)...
                    +(r-1)*ra,Fr0(r)));
                a3=a3+p(r)*Fr0(r)*ra;
            end
            a1=1;
            a2=0;
            a3=a3-V(cnt);
        elseif rc==Nr+1
            for r=1:Nr+1
                Frv(r)=max(V(cnt)-(r-1)*ra,min(V(cnt)...
                    +(r-1)*ra,Fr0(r)));
                a1=a1+p(r)*ra;
                a2=a2+sign(V(cnt)-Fr0(r))*p(r)*ra*(r-1)*ra;
            end
        else
            for r=1:rc
                Frv(r)=max(V(cnt)-(r-1)*ra,min(V(cnt)...
                    +(r-1)*ra,Fr0(r)));
                a1=a1+p(r)*ra;
                a2=a2+sign(V(cnt)-Fr0(r))*p(r)*ra*(r-1)*ra;
            end
            for r=rc+1:Nr+1
                Frv(r)=max(V(cnt)-(r-1)*ra,min(V(cnt)...
```

```
                            +(r-1)*ra,Fr0(r)));
                a3=a3+p(r)*Fr0(r)*ra;
            end
        end
        %-------------------------------end--------------------------
        inputP(cnt)=a1*V(cnt)+a3-a2; %制御あり after 5sec
%inputP(cnt)=1;%制御なし after 5sec
    end
    %-------------------------------------------------------------
    %-------------------------- 制御対象モデル --------------------
    plant(cnt)=exp(-0.5*alpha*i)*sin(0.5*beta*i);
    k1=0:dt:i;k2=k1;
    [f,k]=myconv([0 inputP],[0 plant],k1,k2,dt);
    y=A1*(1+delta)*f(length(k1));
    pout(cnt)=y; %出力
    %-------------------------------------------------------------
    cnt=cnt+1;
end
figure(1);
plot(dt:dt:end_time,pout,'b'); %結果の表示
xlabel('Time [s]');            %x 軸ラベル
ylabel('Output [m]');          %y 軸ラベル
```

─────────── プログラム 7-2 (myfun.m) ───────────

```
function y=myfun(x)
y=(((sinh(3.75*0.5)+sin(3.75*0.5))*(cosh(3.75*x)...
    -cos(3.75*x))-(cosh(3.75*0.5)+cos(3.75*0.5))...
    *(sinh(3.75*x)-sin(3.75*x)))).^2;
```

─────────── プログラム 7-3 (myconv.m) ───────────

```
function [f,k]=myconv(f1,f2,k1,k2,p)
```

```
%入力：f1: 関数1
%入力　 k1: 関数1の時間
%入力　 f2: 関数2
%入力　 k2: 関数2の時間
%入力　 p : 時間間隔
%出力：f : 畳み込み関数
%出力　 k : 畳み込み関数の時間
f=conv(f1,f2);
f=f*p;
k0=k1(1)+k2(1);
k3=length(f1)+length(f2)-1;
k=k0:p:(k0+(k3-1)*p);
```

シミュレーション結果は図 **7.4** と図 **7.5** に示す．図 7.4 は，5 秒まで発振して，それ以降は制御なしのフレキシブルアームの先端変位の結果であり，図 7.5 は，5 秒後以降に制御を投入した結果である．前節に提案したオペレータ理論にもとづく制御方法で，フレキシブルアームが制振できることがわかる．

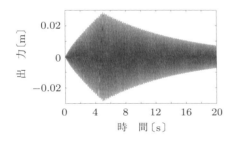

図 **7.4** 制御なしのときの結果

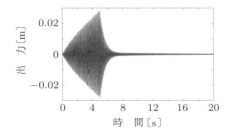

図 **7.5** 制御ありのときの結果

8章 DCSによるシステム環境の構築

本章では，7章に続いてオペレータ理論を用いた場合の実験システム環境の構築を説明する。具体的に熱交換プロセス実験装置のモデル化を行い，そのモデルを用いて，mファイルでの温度制御シミュレーションを行う。また，DCS（分散制御システム）装置による熱交換プロセスシステム環境の構築への応用についても説明する。ここでは，熱交換プロセスの実験を行う際に必要となるDCS装置の起動から温度制御コントローラをFCSにダウンロードするまでの手順（実験の準備手順）についても紹介する。

8.1 制御によるシステムの構成

8.1.1 熱交換プロセス

本項では，熱交換プロセスについての説明を行う。そこで，使用する熱交換プロセスを 図8.1 に示す。大規模スケールのプラントにおいて，熱交換プロセスとは，熱を一方の物質から他方の物質へ移動させる機器の総称である。液体や気体の加熱・冷却を効率よく行い，生産プロセス全体においては非常に重要な役割を果たしている。通常，管内外のいずれかを流れる高温流体の熱を，フィンなどの伝熱面を介して低温側の流体あるいは固体へ伝える。一般的には，液体や気体などの流体を媒体とし，対象物の加熱や冷却に用いられ，エアコンや汽力発電，工業余熱の回収などさまざまな場面で用いられている。

熱交換プロセスでは，熱交換用の媒体として気体や液体のような流体が用いられる。効率性の問題から，液体が使用されることが多い。本実験では，熱交

8.1 制御によるシステムの構成

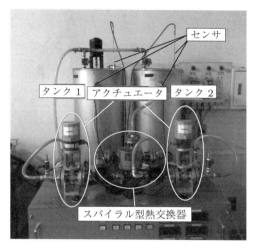

図 **8.1** 熱交換実験プロセス

換媒体として，比熱や密度などが広く知られており，また安全性という観点からも扱いやすい水を使用する．図 8.1 の熱交換プロセスでは二つの流量弁，スパイラル型熱交換器（spiral heat exchanger），二つのタンクを使用する（図中左側のタンクをタンク 1，右側のタンクをタンク 2 と呼ぶ）．

熱交換システムの概略図を図 **8.2** に示す．実験では二つのタンクにそれぞれ貯水する．また，タンク 1 内部にはヒータが設置されており，高温流体をつくりだすことができる．それぞれのタンク内の水は，電磁石ポンプ（IWAKI，15RM-N）によって熱交換器へと送りだされる．また，タンク 1 から送りだされる水とタンク 2 から送りだされる水の流量は，それぞれ流量調整バルブの開閉を行うアクチュエータ（M-SYSTEM，MSP4-24100-AOR：分解能 1/1 000）によって制御される．さらに，熱交換器への水の流入温度（入口温度），流出温度（出口温度）を測定するため，タンク，熱交換器内にそれぞれ測温抵抗体（SHIMADEN，RD-11S：±0.3〜0.8 ℃）が設置されている．測温抵抗体とは，金属の電気抵抗率が温度に比例して変わることを利用した温度センサである．高温水，低温水の流量はそれぞれ取り付けられた電磁式流量センサ（KEYENCE，FD-81：毎分 10 L 中の ±1.6〜5.0 ％）によって測定することができる．電磁式

126   8. DCSによるシステム環境の構築

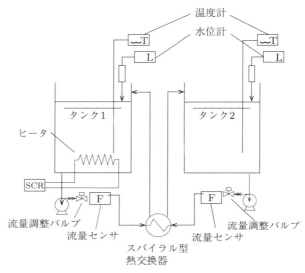

図 8.2　熱交換プロセスの概略図

流量センサとは，磁場において導電性流体が流れると，流速に比例して電圧が発生するというファラデーの電磁誘導の法則を用いて流量を測定するものである．それぞれのアクチュエータやセンサには入力／出力信号として，4～20 mA の直流電流を使用し，DCS 装置の制御器である FCS と各信号のやり取りを行う．したがって，使用する熱交換プロセスに対しては，DCS 装置から三つの制御量を入力することができ，また，六つのセンサの値を DCS 装置に送ることができる．

　一般に熱交換を実現させる「熱交換器」は，温度の高い物体から低い物体へ，効率よく熱を移動させることのできる機器である．熱交換器の種類はいろいろあるが，最も広く用いられているのが構造，媒体の流れによる分類である．構造による分類では一般的に二重管式（double pipe），シェルアンドチューブ式（shell tube），スパイラル式（spiral tube）にわかれている．一方で，媒体の流れによる分類では向流式，並流式，直交流式にわかれている．そして，熱交換器をはじめ，それに媒体を送るポンプやその流量を調整する流量制御バルブな

8.1 制御によるシステムの構成

ど，熱交換を行うために必要な設備によって構成されたプロセスが熱交換プロセスであり，熱交換器の中でも，特に熱効率が高いのがスパイラル型熱交換器である．

実際，使用する熱交換プロセスは図 8.3 のような熱交換器を用いて構成されている．図に示された熱交換器は，流路がらせん形状をしているためスパイラル型熱交換器（KUROSE KMSA-03）と呼ばれる．この熱交換器では，高温流体はスパイラル流路に沿って内側から外周部へ流れる．一方で，低温流体は外周部から入り，スパイラル流路に沿って中央部へ流れる．したがって，両流体は完全に向流となる．このような特徴をもつスパイラル型熱交換器は，さまざまな産業用途に幅広く適合できる理想的な熱伝達性と流動特性を備えている．特にほかのタイプの熱交換器と比べて，汚れや腐食が発生する可能性のある粘性流体や粒子を含んだ流体に適している．またそのほかの利点として，小型であること，自己洗浄作用をもつこと，汚れにくくコンパクト性に優れ　そして伝熱係数が高いことなどが挙げられる．

図 8.3　スパイラル型熱交換器 (KUROSE KMSA-03)

8.1.2　DCS 装 置

大規模プラントでは，非常に多くの工程（プロセス）が存在する．そして，一

8. DCS によるシステム環境の構築

一つ一つのプロセスにはその運転条件を調節するセンサやアクチュエータなどが取り付けてある。数十年前まで，これらの運転条件調節のため一つ一つのプロセスに作業員が配置され操作を行っていたため，多くの人員を要し，また，その情報管理が困難になっていた。その結果，プラントの生産性や安全性に影響を及ぼすため，効率的にプラントの操作監視を行うことがプロセス制御の課題であった。そこで登場したのが，分散制御システム（DCS：distributed control system）装置である。制御システムの一種で，制御装置が脳のように中心に一つあるのではなく，システムを構成する各機器ごとに制御装置がある。制御装置はネットワークで接続され，相互に通信し監視し合う。DCS は工場の生産システムなどによく使われており，DCS 装置によって複数のプロセスを同時に操作監視することが可能になった。これにより，プラントの生産性や安全性を維持するのが容易になった。

ここで，著者の実験室環境で使用する DCS 装置（YOKOGAWA CENTUM CS3000 R3）を図 **8.4** に示す。

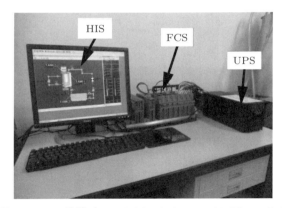

図 **8.4** DCS 装置（YOKOGAWA CEMTUM CS3000 R3）

この装置は，UPS（予備電源），HIS（ヒューマンインタフェースステーション）と FCS（フィールドコントロールステーション）で構成されている。HIS はグラフィックウィンドウを用いて作業員がプラントの操作監視を行うもので

ある．この HIS には汎用 PC を使用することができる．また，FCS はプラントの制御演算を行う制御器である．これは，FCU（フィールドコントロールユニット），通信バス，ノードユニットからなる．特に，FCU とフィールド機器間の通信には RIO（rimote input output）と呼ばれる通信バスを使用する．この RIO バスは最大 20 km まで延長が可能であり，これを用いることによりプロセスと中央監視操作室との長距離通信を行うことができる．HIS–FCS 間の通信には V-ネットと呼ばれるリアルタイム制御バスを使用する．DCS 装置の構成を 図 8.5 に示す．

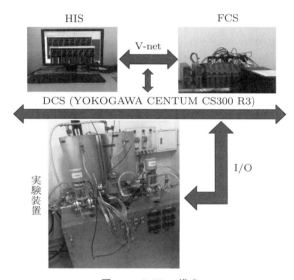

図 8.5　DCS の構成

8.2　熱交換プロセスのモデル化

まずはじめに，本章の問題設定について述べる．また，モデル化の際に必要となる熱交換の知識について説明し，その後，使用する熱交換プロセスに対しモデル化を行う．

8.2.1 問題設定

熱交換プロセスにおける精密な温度制御を行うためには，それに適した数式モデルが必要である．しかし，スパイラル型熱交換器はその形状が複雑であることから，物理の法則による精密な数式モデルを構築することが比較的困難となる．従来の研究では，モデル化をより簡単に行うため，熱交換器全体の総括伝熱係数を用いてモデル化を行っていた．このモデルの問題として，機器内部の熱移動の方法がブラックボックスとなったままモデル化を行っているため，精度が不十分な点が挙げられる．

ここでは，スパイラル型熱交換器における微小体積内部の熱移動を考慮した非線形モデル化を行う．具体的には，スパイラル型熱交換器内部の熱移動に対して，高温流体，低温流体それぞれの熱収支量を取りだして考えることにより，精密なモデル化を実現する．加えて，実際のプロセスとモデルの間の誤差が大きくなってしまうという問題に対する有効な制御手法として，オペレータ理論による非線形制御系設計を示す．本項では，前述したオペレータ理論にもとづく非線形フィードバック制御システムの設計を行い，シミュレーションによって設計した制御系を紹介する．しかし，オペレータ理論を用い設計した制御系では，安定性は保証されるが追従性能は保証されていない．そこで，出力の追従性能を保証するためのコントローラも設計する．そして最後に DCS 装置を用いて実機実験を行う．

8.2.2 熱交換プロセスのモデリング

表 **8.1** に示すのはモデル式に用いたパラメータである．ここでは，入力 $u(t)$ と出力 $y(t)$ をつぎのように定義する．

$$u(t) = U_h, y(t) = T_{co}$$

初期条件 $t=0$ での温度分布は $T(0,0) = T_{hi}(0) - T_{ci}(0)$ と表すことができ，境界条件は $T(0,t) = T_{hi}(t) - T_{ci}(t)$, $T(\theta,t) = T_{ho}(t) - T_{co}(t)$ と表すことができる．したがって，初期条件と境界条件から，低温流体の出口温度はつぎの

8.2 熱交換プロセスのモデル化

表 8.1 モデル式に用いたパラメータ

パラメータ	説 明	単 位
$T_{co}(t)$	低温流体出口温度	[°C]
$T_{ho}(t)$	高温流体出口温度	[°C]
$T_{ci}(t)$	低温流体入口温度	[°C]
$T_{hi}(t)$	高温流体入口温度	[°C]
$T_{ci}(0)$	低温流体初期温度	[°C]
$T_{hi}(0)$	高温流体初期温度	[°C]
$U_h(t)$	高温流体の流量	[L/s]
$U_c(t)$	低温流体の流量	[L/s]
a	らせんの式の定数	[m/rad]
λ	熱伝導率 (SUS304)	[W/(m·°C)]
R_e	レイノルズ数	[-]
P_r	プラントル数	[-]
N_u	ヌセルト数	[-]
A	流路の断面積	[m^2]
c_ρ	比 熱（水）	[J/(kg·°C)]
ρ	密 度（水）	[kg/m^3]
δ	熱交換器の固体壁の厚さ	[m]
h_c	低温流体の熱伝達率	[W/(m^2·°C)]
dr	流路の幅	[m]

ように表すことができる。

$$y(t) = T_{ho}(t) - (T_{hi}(t) - T_{ci}(t))\exp\left(\cfrac{A_1 + A_5}{\cfrac{A_2}{u(t)} + A_3} + \cfrac{A_4}{t}\ln\left(\cfrac{T_{hi}(t) - T_{ci}(t)}{T_{hi}(0) - T_{ci}(0)}\right)\right)$$

(8.1)

ここで

$$A_1 = \frac{2a(6\pi)^3}{3\lambda}, \quad A_2 = -\frac{R_e P_r A}{N_u c_\rho \rho}, \quad A_3 = \frac{\delta}{\lambda} + \frac{1}{h_c}$$

$$A_4 = \frac{a^2(6\pi)^4 c_\rho \rho}{4\lambda}, \quad A_5 = \frac{a^2(6\pi)^4}{2dr\lambda}$$

である。

8.3 非線形制御系設定

8.3.1 プロセスの右既約分解

まず,前項で得られた熱交換プロセスのモデル式 (8.1) を再掲する。

$$y(t) = T_{ho}(t) - (T_{hi}(t) - T_{ci}(t))\exp\left(\frac{A_1 + A_5}{\frac{A_2}{u(t)} + A_3} + \frac{A_4}{t}\ln\left(\frac{T_{hi}(t) - T_{ci}(t)}{T_{hi}(0) - T_{ci}(0)}\right)\right)$$

このとき,プロセスの入力 u は高温流体の流量であり,出力 y は低温流体の出口温度である。以下のようなモデル化されたプロセスオペレータ P の出力として考えることができる。

$$P(u) = ND^{-1}(u) \tag{8.2}$$

ここで,オペレータ N, D は安定であり,D は可逆である。このとき,プロセス P の右分解にもとづき,N と D は以下のように設計することができる。

$$N(\omega)(t) = T_{ho}(t) - (T_{hi}(t) - T_{ci}(t))\exp\left(\frac{A_1 + A_5}{\frac{1}{\omega(t)} + A_3} + \frac{A_4}{t}\ln\left(\frac{T_{hi}(t) - T_{ci}(t)}{T_{hi}(0) - T_{ci}(0)}\right)\right) \tag{8.3}$$

$$D(\omega)(t) = A_2\omega(t) \tag{8.4}$$

ここで,ω はオペレータ D^{-1} の入力である。つぎに,オペレータ S, R を式 (7.7) より Bezout 等式を満たすように設計する。そして,つぎの Bezout 等式にもとづき,右既約分解を行う。

$$SN + RD = I \tag{8.5}$$

ここで,I は恒等写像である。したがって,右既約分解から以下に示す通り,オペレータ S と R を求めることができる。

$$S(y)(t) = (1-K)\cfrac{1}{\cfrac{A_1+A_5}{\ln\left(\cfrac{T_{ho}(t)-y(t)}{T_{hi}(t)-T_{ci}(t)}\right) - \cfrac{A_4}{t}\ln\left(\cfrac{T_{hi}(t)-T_{ci}(t)}{T_{hi}(0)-T_{ci}(0)}\right)} - A_3} \tag{8.6}$$

$$R(u)(t) = \frac{Ku(t)}{A_2} \tag{8.7}$$

ここで,K は任意の制御パラメータである.また,S と R は安定であり,R は可逆である.このとき,7.1.4 項(図 7.1 参照)で述べたように図 **8.6** の非線形制御システムを設計することができる.

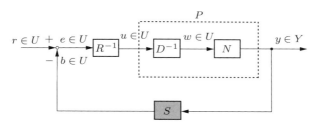

図 **8.6** 熱交換プロセス非線形制御システム

8.3.2 PI(比例積分)コントローラの設計

式 (8.5) に示す Bezout 等式の成立によって安定性は保証されたが,追従性能は保証されていない.したがって,出力の追従性能を保証するために PI コントローラ C を設計する.このとき,出力 y を目標値 r^* に追従させるように,フィードバック制御を構成する.図 **8.7** に追従制御器を含む制御系を示す.

このときの追従制御器 C は式 (8.8) で表される.ただし,K_P, K_I は任意の定数とする.

$$C(r_0)(t) = K_P r_0(t) + K_I \int_0^t r_0(\tau)d\tau \tag{8.8}$$

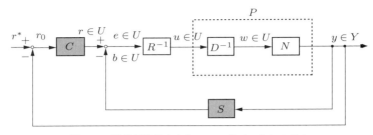

図 8.7 追従制御器を含むフィードバックシステム

8.4 シミュレーション

8.4.1 シミュレーションの m ファイル

本項では，設計した追従制御器が含まれる非線形フィードバック制御システムについて，シミュレーション（コードは**プログラム 8-1**）を行う．

──────── プログラム 8-1 (Kine_main.m) ────────

```
clear all;
high=0.11;    %[m] θ方向の断面の高さ
wide=0.005;   %[m] θ方向の断面の幅
A=high*wide;  %[m^2] θ方向の断面積
Cp=4200;      %[kJ/kg・K] 流体低圧比熱
p=1000;       %[kg/L] 流体の密度 L=1000cm
lam=16.7;     %[W/(m・K)] 個体壁（SUS316）の熱伝導率 λ
Thi0=40.0;    % 高温流体の入口温度
Tci0=26;      % 低温流体の入口温度
Tco0=Tci0;
Tho0=Thi0;
Uc=4.3/60;    %[L/s] 低温流体の流量
t_end=800;    %[s] シミュレーション時間
t=0.0;        %実時間
r=0.07;       %[m] r方向の熱移動の距離
a=0.37;       %[m/rad] r方向の熱移動の係数
```

8.4 シミュレーション

```
Pr=7;          %[-] プラントル数
Re=22000;      %[-] レイノルズ数
Nuh=0.023 * Re^0.8 * Pr^0.4;    %[-] 高温流体のヌセルト数
Nuc=0.023 * Re^0.8 * Pr^0.3;    %[-] 低温流体のヌセルト数
Sth=Nuh/(Re*Pr);   %[-]   高温流体のスタントン数
Stc=Nuc/(Re*Pr);   %[-]   低温流体のスタントン数
Bh=Sth;     %高温流体用の定数
Bc=Stc;     %低温流体用の定数
Ch=(lam*a^2)/(Cp*p);     %高温流体の定数
Cc=Ch;     %低温流体の定数
L=0.00183;  %[m] スパイラル型熱交換器の壁の厚さ
hc=(Cp*p*Uc*Nuc)/(A*Re*Pr);
w=wide;   %[m] 流体の流路の幅
Kp=0.7;    %フィードバックコントローラの任意パラメータ
Th=35;
%時間関係
n=800;
dt=t_end/n;   %サンプリング時間


global feedback1 feedback1_real;

feedback1_real = 0.0;

global error1_real;

global ud_real  ud1_real;

ud_real=0;

global ud_previous;

ud_previous=0;

global y_previous ;
```

```
y_previous = Tci0;

t_previous = 0.0;

global ud1_previous;

ud1_previous = 0.0;

sum=0.0;
global r0;    %reference input；

%%temperatures for Part1%%
r0=35;  %%desired level reference input
jiteisuu1=0.04;   %Tci(t) の係数
jiteisuu2=0.03;   %Thi(t) の係数
jiteisuu3=0.1;    %Tco(t) の係数

%%tracking filter
global u1 u1_real;

global  y y_part1;

global count;     %%only for count

count=1;

m=1;

%%Simulation start %%
%モデル式で使うパラメータ
    A1=0.0214;
    A2=0.006;
    A3=15.022;
```

8.4 シミュレーション

```
      A4=0.0508;
      A5=0.0048;

while(t < t_end +dt)
      ud(count) = ud_real;

        Tci(count)=Tci0+(r0-Tci0)*(1-exp(-jiteisuu1*t));
        Thi(count)=40;
        Tho(count)=r0+5+(Thi0-40)*exp(-jiteisuu3*t);

%% モデル式
if(ud_real==0)
    y_part1=y_previous;
else
   y_part1=Tho(count)-(Thi(count)-Tci(count))*exp((A1+A5)/
       (A2/ud_real+A3)+(A4/t)*log((Thi(count)
       -Tci(count))/(Thi0-Tci0)));
end
      y(count) = y_part1;
   LOG1(m)=(Thi(count)-Tci(count))/(Thi0-Tci0);
   M(m)=Thi(count)-Tci(count);
   G(m)=(A2/ud_real+A3);

%%%% feedback %%%%

 if (t_previous > 0)

   feedback1_real=(1-Kp)*1/(((A1+A5)/(log((Tho(count)
            -y_part1)/(Thi(count)-Tci(count)))-(A4/t)
           *log((Thi(count)-Tci(count))/(Thi0-Tci0))))-A3);
   LOG2(m)=(Tho(count)-y_part1)/(Thi(count)-Tci(count));
   LOG3(m)=((Thi(count)-Tci(count))/(Thi0-Tci0));
   LOG5(m)=(((A1+A5)/(log((Tho(count)-y_part1)/
        (Thi(count)-Tci(count)))-(A4/t)*log((Thi(count)
```

```
            -Tci(count))/(Thi0-Tci0))))-A3);
   F(m)=(((A1+A5)/(log((Tho(count)-y_part1)/(Thi(count)
       -Tci(count)))-(A4/t)*log((Thi(count)-
       Tci(count))/(Thi0-Tci0))))-A3);
   B(m)=A4/t;
   K(m)=log((Tho(count)-y_part1)/(Thi(count)-Tci(count)));
   N(m)=log((Thi(count)-Tci(count))/(Thi0-Tci0));
   c(m)=(A4/t)*log((Thi(count)-Tci(count))/(Thi0-Tci0));
     else

   feedback1_real = 0.0;

 end

         feedback1(count) = feedback1_real;


%%%%  tracking filter  %%%%

 u1_real = r0;
    u1(count) = u1_real;
    error1_real = u1_real-y_part1;
    sum=sum+error1_real;
    ud1_real= error1_real*0.02+0.02*sum;
    uc(count)=ud1_real;

%%%% plant input  %%%%
    error= ud1_real-feedback1_real;
    ud_real=error*A2/Kp;
    t_previous = t;
    y_previous = y_part1;
    ud_previous=ud_real;
    t = t + dt;
    count = count + 1;
```

```
    m=m+1;
end
%% 高温流体の流量
t=0:dt:t_end;
figure(1)
plot(t,ud,'r');
xlim([0 800])
ylim([0 0.1])
xlabel('Time[s]','FontSize',20);
ylabel('Process input[L/s]','FontSize',20)
h0=legend('u(t)')
set(h0,'FontSize',10)
%% 低温流体の出口温度
figure(2)
plot(t,r0,'g')
hold on
plot(t,y,'b')
xlim([0 800])
ylim([0 60])
xlabel('Time[s]','FontSize',20);
ylabel('Process output[℃]','FontSize',20)
h1=legend('r^*','y(t)');
set(h1,'FontSize',10)
hold off
```

8.4.2 シミュレーション結果

ここで，シミュレーションに用いたパラメータを表 **8.2** に示す．シミュレーション時間を 500 秒とし，高温流体の流量を制御して，流出する低温流体の温度を目標とする温度へ追従させる．低温流体の出口温度 35 ℃ を目標温度とする．

シミュレーションでは，式 (8.5) に示された熱交換のモデル化されたプロセス $P = ND^{-1}$ に対し，高温流体流量 U_h を入力 u，低温流体出口温度 T_{co} を出力 y とし，目標温度 r^* に追従させることを考える．このシミュレーション

表 8.2 シミュレーションに用いたパラメータ

パラメータ	説明	数値
$T_{ci}(0)$	低温流体の初期温度	26 °C
$T_{hi}(0)$	高温流体の初期温度	40 °C
$U_c(t)$	低温流体の流量	0.072 L/s
r^*	目標温度	35 °C
a	らせんの式の定数	0.037 m/rad
λ	熱伝導率（SUS304）	16.7 W/(m·°C)
R_e	レイノルズ数	22 000
P_r	プラントル数	7
N_u	ヌセルト数	5 612.68
A	流路の断面積	0.5×10^{-3} m²
c_ρ	比熱（水）	4 218 J/(kg·°C)
ρ	密度（水）	1 000 kg/m³
δ	熱交換器の固体壁の厚さ	0.002 m
h_c	低温流体の熱伝達率	365.781 W/(m²·°C)
dr	流路の幅	0.005 m
t	シミュレーション時間	500 s
K_P	比例ゲイン	0.05
K_I	積分ゲイン	0.9

では，設計したコントローラ C の比例ゲイン K_P と積分ゲイン K_I はそれぞれ 0.05, 0.9 であり，高温の入口温度は 40 °C である。シミュレーション結果をそれぞれ 図 8.8 と 図 8.9 に示す。図 8.8 より，高温流体の流量は時間とともに一定値になることがわかる。一方，図 8.9 に示した出力のグラフにおいて，目

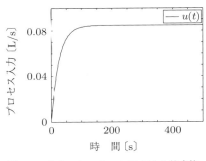

図 8.8 シミュレーションにおける熱交換システムに対する制御入力

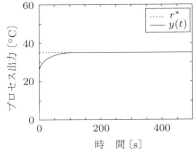

図 8.9 シミュレーションにおける熱交換システムからの出力

標温度は点線で示す。この場合，低温流体出口温度は 26 °C である。y は時間 t の増加にともなって初期値の 26 °C から $t = 500$ s 後に r^* の極限 35 °C へ追従することがわかる。この結果によって，設計したコントローラ C の有効性を確認することができる。

8.5 実機実験

本節では，設計した追従制御器を含むフィードバックシステムについて，DCS 装置を用いて実験を行う。具体的には，低温流体入口温度，高温流体入口温度，目標温度だけを変動させ，ほかのパラメータを一定値とする。以下に作製したコントローラを用いた 3 種類の実験結果を示す。ここで，実験に用いたパラメータを表 8.3 に示す。

表 8.3 実験に用いたパラメータ

パラメータ	説 明	数 値
t_s	サンプリング時間	1.0 s
U_c	低温流体の流量	4.3 L/min
A	流路の断面積	0.5×10^{-3} m^2
c_ρ	比熱（水）	4 218 J/(kg · °C)
K_{Ph}	高温流体入口温度の比例ゲイン	100
K_{Ih}	高温流体入口温度の積分ゲイン	1
K_{Pc}	低温流体出口温度の比例ゲイン	0.1
K_{Ic}	低温流体出口温度の積分ゲイン	0.02

8.5.1 DCS 装置による制御システムの実現

ここでは，DCS 装置を用いて，機能ブロックと呼ばれるものを組み合わせて制御システムの設計を行う。機能ブロックには，入力ブロック，計算ブロック，出力ブロックとアラームブロックの 4 種類がある。入力ブロックは，入力端子から読み込んだ信号を計算プロセスへのデータに変換するものであり，計算ブロックは，入力ブロックによって変換されたデータをもとに，さまざまな計算

を行う。また，出力ブロックでは計算プロセスによって計算されたデータを，出力端子から信号として送りだせるように変換する。アラームブロックとは，プロセスエラーを検出するために入力・計算・出力ブロックで生じたさまざまな警告をチェックするものである。さらに，機能ブロックにはさまざまな種類が存在するが，特に制御システムを設計する場合に重要となるのが計算ブロックである。例えば，DIV ブロックと MUL ブロックを使用することでそれぞれ除算，積算をすることができたり，ADD ブロックを使用することで和算を行うことができる。また，プロセス制御において一般的な制御法である PID ブロックなどもあらかじめ用意されており，制御システムはこれらの計算ブロックを組み合わせて設計することになる。ここでは，実機実験のため，分散制御システム（YOKOGAWA CENTUM CS3000 R3）におけるプロジェクトの立ち上げ方や制御システムの操作方法を，〔1〕DCS の起動方法，〔2〕プロジェクトの新規作成，〔3〕I/O モジュールの選定，〔4〕コントローラの設計，〔5〕HIS の設定，〔6〕コントローラのダウンロードとして簡潔にまとめた。

〔1〕 **DCS の起動方法**　　付属の説明書（英語表記）はあまりにも膨大なため，解読するのに長時間を要する。そのため，これから DCS を用いた実験を行うために，電源の付け方から実験システム稼働，自動制御開始までを簡単にまとめた。DCS の外観図（図 8.4）をあらためて見ていただきたい。

まず，UPS を起動させ，電源が安定状態になってから HIS を起動させる。このとき，デバイスに電気が安定供給されてから（正弦波のマークが付いているランプが点灯したら）PC の電源を付けるよう心がける。

PC が起動したら，ほぼ毎回アラームが鳴る。その理由はさまざまあるが，前の実験時のコントローラのデータが FCS に残っていて，実験装置の電源を入れていないために信号を得られずにエラーを検出して鳴っている場合が多い。この場合，図 **8.10** に示される「Buzzer Reset（アラーム停止）」をクリックするとアラームが止む。

〔2〕 **プロジェクトの新規作成**　　新規プロジェクトの立ち上げ方法について説明する。まず，図 8.10 に示される「System View」を起動させる。すると，

8.5 実機実験　143

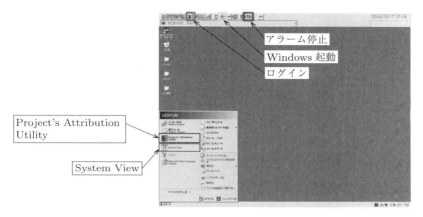

図 8.10　Desktop of HIS

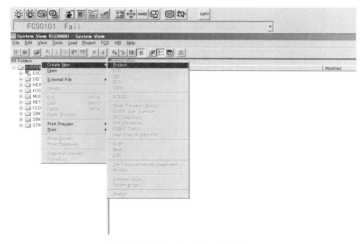

図 8.11　Create New Project

図 8.11 の画面が現れる。「All Folders」内の「System View」を右クリックして，「Create New」から「Project」を選択する。

プロジェクトの User，Organization，Project Information を適切に入力してからつぎへ進むと，プロジェクト名を設定するセクションへと移動する。このとき，プロジェクト名には半角大文字しか使えないので注意する。

プロジェクト名が決定すると，自動的に「Create New FCS」の設定画面が

表示される。表示されない場合は,「System View」フォルダの欄に先ほど作成したプロジェクトがあるため,右クリックして「Create New」から「FCS」を選択する。すると,図 8.12 の画面がでてくる。ここでは,「Station Type」を図で表しているように,「AAF50S Field Control Unit（for FIO, 19" Rack Mountable）」にし,図では隠れてしまっているが,「Station Number」を「1」に変更し,OK をクリックする。

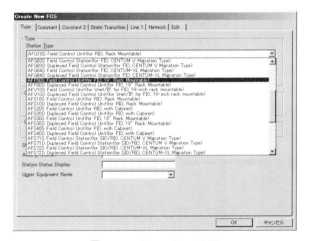

図 8.12 Create New FCS

FCS が定まると,自動的に「Create New HIS」の設定画面が表示される。表示されない場合は,「System View」内の作成したプロジェクトを右クリックして「Create New」から「HIS」を選択する。ここでは,図 8.13 のように,「Station Type」を「PC With Operation and monitoring functions」に,「Station Number」を「11」に変更し,OK をクリックする。

〔3〕 I/O モジュールの選定　つぎに,実機実験で使用する I/O モジュールを選定し,作成したプロジェクトに定義する。まず,作成し終わったプロジェクトのフォルダを選択し,その中に入っている「FCS0101」を選択する。さらにその中のフォルダ「IOM」を右クリックして,「Create New」から「Node」を選択し（図 8.14），なにも変更せずに OK をクリックする。

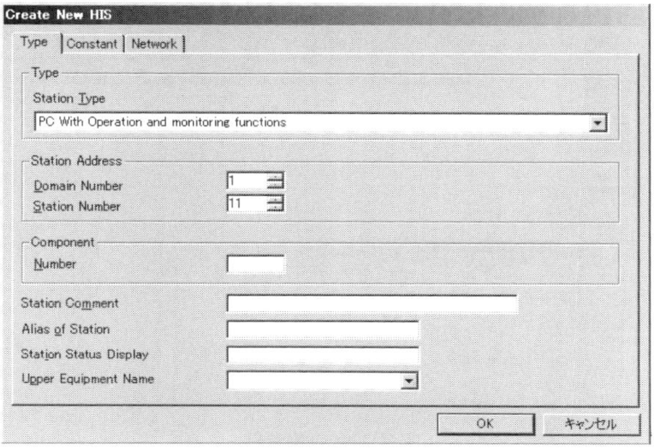

8.5 実機実験

図 8.13 Create New HIS

図 8.14 Create New Node

そして，できあがったフォルダ「NODE1」を右クリックし，「Create New」から「IOM」を選択する（図 8.15）。

すると，図 8.16 の画面が表示される。ここで，実機実験で使用する I/O モジュールを選択してプロジェクトを新規に定義する。使用する I/O モジュールを図 8.17 に示す。同図より，モジュールは七つにわかれていることがわかる。この一つ一つはスロットと呼ばれており，図の右からスロット番号 1，2，…，7

146   8. DCSによるシステム環境の構築

図 8.15　Create New IOM

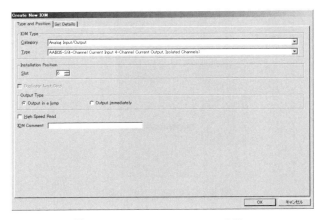

図 8.16　Select IOM Type and Slot

である。このうち，スロット番号 1, 2, 3, 6, 7 はアナログ入出力，4, 5 はディジタル入出力である。図 8.16 より，アナログ信号を用いる場合は「IOM Type」の「Category」を「Analog Input/Output」に，「Type」を「AAI835-S」に変更する。そして「Slot」で必要なスロット番号を選び，「OK」を選択する。複数個のスロットを必要とする場合は，一つを設定し終わってから再度「Create

8.5 実 機 実 験

図 8.17　I/O モジュール

New」から「IOM」を選択し，同じ環境で異なったスロットを選択する．なお，スパイラル型熱交換器はスロット番号 1，2 を，プロセス実験装置はスロット番号 6 を使用している．

また，実験でディジタル信号を利用する場合は，スロット番号 4 は「Status Input」で「ADV151」を，スロット番号 5 は「Status Output」で「ADV551」を選択して，プロジェクトにそれぞれ定義する．

〔4〕 コントローラの設計　　まず，実機実験を行う前に「Function Block」でコントローラをつくる．DCS ではおもに，Function Block を用いた図 8.18 のようなヒータのスイッチと流量コントローラを設計する．なお，Function

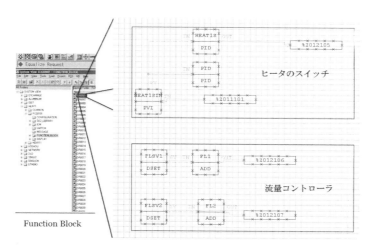

図 8.18　設計したヒータのスイッチと流量コントローラ

148   8. DCSによるシステム環境の構築

Block 内では半角大文字のみ使用可能なので注意する。DCS 装置上で計算ブロックにより設計された熱交換プロセスに対する制御システムを図 8.19 に示す。まず，作成したプロジェクトフォルダの「FCS0101」内部にある「Function Block」を選択する。すると，「DR0001」といった名義のファイルが右側に現れる。そういったファイルが約 200 ほどあるが，これら一つ一つにコントローラを設計できる。よって，この FCS は約 200 ものコントローラを同時かつ並列に動かすことができる。設計方法は基本的に，さまざまな機能をもったブロックをつなげていき，センサからの入力信号とアクチュエータへの出力信号を正しく結べばよい。コントローラが正しく設計されていない場合，保存ができないので注意が必要である。ここで，使用するのは最低でブロックの生成とブロックどうしのコネクションという二つのボタンである。また，グリッド線の表示も必要である。なお，生成するブロック一つ一つに名前を付けなければならない。よって，数が多くなって混乱してしまわぬよう，工夫して名前を付けるようにする。使用するブロックはコントローラごとに異なるため，各ブロックの詳細な説明はここには記述しない。各自必要な制御演算に応じてブロックを調査し選択する。

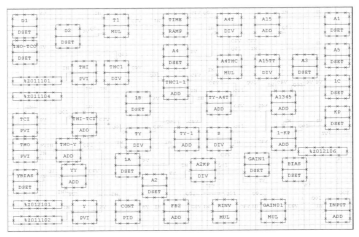

図 8.19　計算ブロックにより実現されたコントローラ S と R^{-1}

8.5 実機実験

　PIO ブロックは，制御対象と通信を行うブロックであり，I/O モジュールのどの部分から入出力信号を検出，送電するのかを決定している。例として，設計したコントローラからどのように使用されているかを確認する。図 8.18 でも示されている%Z011102 といったブロックがそれである。このブロックの意味は，プロセス実験装置におけるタンク 2 の水温の制御入力信号を，コントローラのフィードバック信号として用いるということである。このブロックのコマンドは，%ZNNUSCC と決定される。

　まず，% と Z は変更せずにそのまま打ち込む。つぎの NN には数字が入り，作成した Node Number を打ち込む。本書の通りに作成した場合，ここは「01」となる。U の部分にはスロット番号，S には「1」を入力し，最後の CC には，選択したスロットのうち，どの部分の信号を用いるかを選択して入力する。

　I/O モジュールのうち，前部はセンサからの入力信号，後部はアクチュエータへの出力信号となっていて（図 8.20），前から一つ飛ばしで配線されている（設定した AFF50S が 4-Input/4-Output のため）。その番号は，センサからの入力信号であるモジュールの手前から数えて，「01」「02」... となっており，この値を CC に打ち込む。PVI ブロックは，DCS 上では指示ブロックとして定義されている。通常，PIO ブロックより得た入力信号は電流値であるため，このままの状態で制御演算に用いることはできない。よって，このブロックを介してコントローラに信号を送らなければならない。このとき，出力信号をつぎの

図 **8.20**　プロセス実験装置の入出力配線図

150   8. DCSによるシステム環境の構築

制御演算の工程へ，ブロックどうしをコネクションすると，端子名が自動的に「OUT」と定義される．しかし，Function Block 上で「OUT」は電流値であり，出力信号として制御対象へ送るための値に変更されているため，制御演算に用いることはできない．よって，この PVI ブロックからの出力を制御演算に用いる場合は，端子名を「OUT」から「PV（フィードバック信号）」へ変更しなければならない．そのほか重要な操作として入力信号の変換がある．一般的に，センサより拾ってきた生の入力信号は，実験装置の外付けのディジタル計測器とまったく異なった変化をして，正確に測定できないことが多い．よって，生のデータ x の変化をゲイン a とバイアス b で $y = ax + b$ のように変換させて，正しい変化になるよう設定する必要がある．その方法は，ゲインとバイアスを変更したい PVI ブロックで右クリックし，「Edit Detail」を選択する．すると，図 8.21 のような画面が現れる．その項目にある「Input Signal Conversion（黒色で囲まれている二つの部分のうちの上方）」を「No」から「Communication Input」に変更すれば，ゲインとバイアス（黒色で囲まれている二つの部分のうちの下方）が変更できるので，特性実験で計測した値をここに打ち込めばよい．

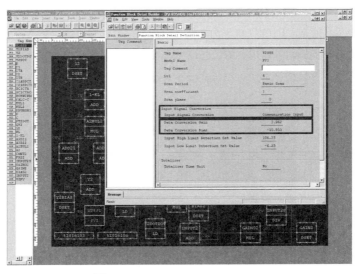

図 8.21   Edit Detail of PVI Block

PIDブロックは，名前の通りフィードバックされた値と目標値との偏差をとり，PIDそれぞれの値によって調整された演算結果を出力信号として制御対象へ送りだすブロックである。目標値はこのブロックに直接設定する（Function Block 設計時には設定せず，自動制御を開始する直前に設定する。つぎの〔5〕の項目で説明するため，ここでは省略する)。なお，ここで設定できる目標値は定数のみである。フィードバック信号は，入力信号 IN としてこのブロックにコネクションする。

そのほかのブロックに関する注意点

- ブロックの演算結果を再び演算ブロックに入力する場合，出力端子を「OUT」から「CPV」に変更する。
- DSET ブロックは定数を入力するブロックであり，出力端子は「SV」と設定する。
- 四則演算のうち，減算を行うブロックのみ存在しない。減算を行う場合は，加算ブロックである ADD ブロックを用いて，引かれる数のバイアスを変更する方法がある。ADDブロックの演算式は，$CPV = IN + (GN1 \times Q01)$ であり，この $GN1$ の値をデフォルトの「1」から「-1」に変更する（なお，バイアスを変更するタイミングはつぎの〔5〕の項目での工程なので，ここでの説明は省略する)。
- 入力端子 $Q01$ は，IN につぐ二つ目の入力端子であり，2入力1出力のブロックで用いる端子名である。2入力の際に，どちらか一方の端子は $Q01$ に変更しなければならない。
- ブロックの入出力端子は，矢印でコネクションせずとも設定することができる。入力信号を設定したいブロックを右クリックし，「Edit Detail」を選択すると，「Connection」の項目に，現在どれが入力として設定されているかがわかる（図 **8.22**)。
- 各ブロックの「Properties」で，単位を変更できる（デフォルトは％)。
- 微分ブロック（LD）で行われる演算は，一次遅れフィルタを含んだ「不完全微分」となっている。そのため，コントローラで微分ブロックを用

152   8. DCS によるシステム環境の構築

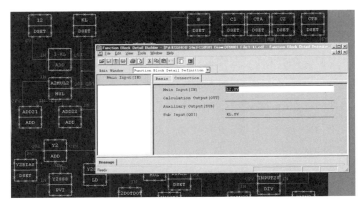

図 8.22　Edit Detail of Connection

いる場合は，コントローラに関するロバスト安定判別を行う必要がある。

〔5〕 **HIS の設定**　　ここでは，実機実験時の操作，監視を行う HIS を設定する。ここで行う工程は，先ほど設計したブロックに値を入力するための Control Window の設定と，実験装置の状態をリアルタイムで監視する Trend Window の設定である。

Control Window の設定：作成したプロジェクト内の「HIS0111」フォルダ内にある「WINDOW」を選択すると，右側にファイルがでてくる。そのうち，「CG0001」が Control Window,「GR0001」が Graphic Window,「OV0001」が Overview Window,「TG00001-0008」が Trend Window である。Control Window を設定するには，「CG0001」を開く。すると，　図 8.23 のような画面がでてくる。

図を見てみると，手前のウィンドウに白色の棒グラフが計八つあるのがわかる。このグラフ一つ一つが，先ほどの Function Block 一つ一つに対応する。グラフの上部（THO 部分）をクリックすると Properties の設定という小さい画面が現れる。その画面の下にある「Tag Name」をブロックに付けた名前（半角大文字）にすれば設定完了である。グラフが足りない場合は，「GR0001」をコピーアンドペーストで増やして，名前を「CG0002」にリネームし，「CG0001」内のグラフを「CG0002」へコピーアンドペーストすればよい。

8.5 実機実験

図 8.23 Properties of Control Window

Trend Window の設定：まず，作成したプロジェクト内の「HIS0111」フォルダ内の「CONFIGURATION」を選択する．右側にでてくる「TR0001-0008」が Trend Window の設定に必要なファイルである．実行する前にまず，「TR0001」を右クリックして「Properties」を選択する．すると，図 8.24 に示す画面が現れる．ここで，「Trend Format」（黒色で囲んである二つの部分のうちの上方）を「Continuous and Rotary Type」に，「Sampling Period（黒色で囲んである二つの部分のうちの下方）」を自分が必要とするサンプリング時間に変更する．

つぎに，先ほどサンプリング時間を設定した「TR00001」を開く．すると，図 8.25 に示す画面が現れる．ここに，リアルタイムで確認したいブロックの出力を打ち込む．このとき，すべて半角大文字で打ち込む点，出力端子名を忘れない点に注意する．出力端子名の横にある欄にチェックを入れると，右隣に数字が現れる．これは Trend Window のグラフにおける最大値および最小値である．ここでグラフを見やすいように変更できる．

〔6〕 **コントローラのダウンロード**　新規プロジェクトの作成，Function

154   8. DCSによるシステム環境の構築

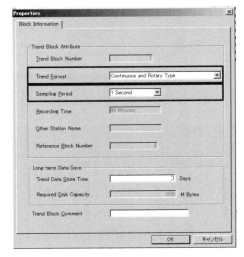

図 8.24　Properties of TR0001

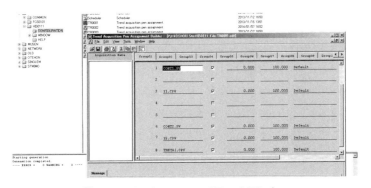

図 8.25　Configuration of Trend Window

Blockを用いたコントローラ設計，HISの設定が終了したら，このプロジェクト全体をFCSにダウンロードして，自動制御が行える環境をつくる．

まず，「System View」を閉じてから，図8.10に示される「Project's Attribution Utility」（画面左下の灰色で囲まれた部分）を開く．ここでは，作成，変更するプロジェクトと，実行するプロジェクトとの変更を行う（図 **8.26**）．

基本的に，一つのプロジェクトが「Default Project」または「Current Project」，

8.5 実機実験

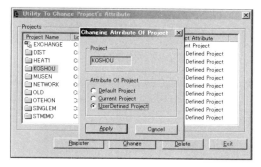

図 8.26　Project's Attribution Utility

そのほかが「User Defined Project」と設定されている。現在「Current Project」になっているプロジェクトを選択して「Change」をクリックし、「User Defined Project」に変更する。その後，作成したプロジェクトを「Current Project」に変更して，「Project's Attribution Utility」を閉じる。

つぎに，「System View」を開き，作成したプロジェクトのフォルダを選択して，「Load」から「Download Project Common Section」を選択する。コンパイルが完了したら，図 8.27 のように「FCS0101」を選択して，「Load」から「Offline Download to FCS」をクリックし、「Download」を選択する。このつぎにでてくる指示に，「OK」→「NO」の順番で選択する。すると，ダウンロードが開始される。

図 8.27　Offline Download to FCS

156   8. DCSによるシステム環境の構築

FCSのダウンロードが完了したら，図 8.28 のように「HIS0111」を選択して，「Load」から「Download to HIS」を選択する．HISのコンパイルが完了したら，コントローラのダウンロード作業は終了である．

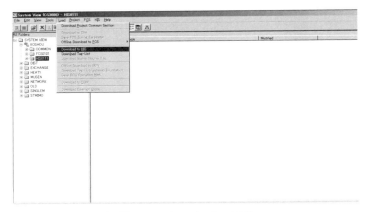

図 8.28　Download to HIS

8.5.2　実験結果の取得方法

〔1〕　自動制御開始までの流れ　　まず，Control Window で定義したブロックのそれぞれの値を変更するために，図 8.10 で示されている「ログイン」を選択する．すると，図 8.29 の画面が現れる．

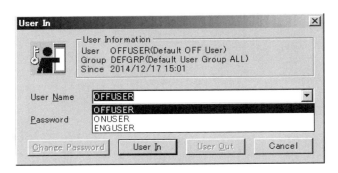

図 8.29　User In

8.5 実機実験

デフォルトでは「OFFUSER」に設定されているが,「ENGUSER」に変更して「User In」をクリックする.このとき,パスワードは不要である.

〔2〕 **実験 1：入口の温度差 $T_{hi} - T_{ci} = 12\,°C$ の場合** 実験 1 に用いたパラメータを表 8.4 に,結果を図 8.30 に示す.

表 8.4 実験 1 に用いたパラメータ

パラメータ	説明	数値
$T_{hi}(t)$	高温流体入口温度	$45\,°C$
$T_{ci}(t)$	低温流体入口温度	$33\,°C$
r^*	目標温度	$40\,°C$

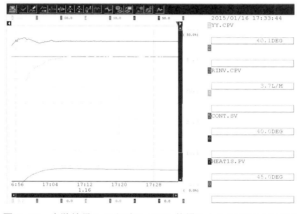

図 8.30 実験結果 1 における DCS 装置のトレンドウィンドウ

〔3〕 **実験 2：入口の温度差 $T_{hi} - T_{ci} = 13\,°C$ の場合** 実験 2 に用いたパラメータを表 8.5 に,結果を図 8.31 に示す.

表 8.5 実験 2 に用いたパラメータ

パラメータ	説明	数値
$T_{hi}(t)$	高温流体入口温度	$30\,°C$
$T_{ci}(t)$	低温流体入口温度	$17\,°C$
r^*	目標温度	$25\,°C$

158   8. DCSによるシステム環境の構築

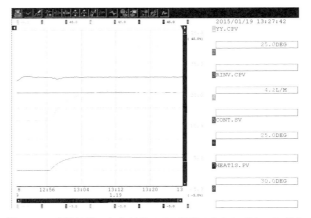

図 8.31　実験結果 2 における DCS 装置のトレンドウィンドウ

〔4〕　実験 3：入口の温度差 $T_{hi} - T_{ci} = 14\,°\mathrm{C}$ の場合　　実験 3 に用いたパラメータを表 8.6 に，結果を図 8.32 に示す．DCS のトレンドウィンドウに

表 8.6　実験 3 に用いたパラメータ

パラメータ	説　明	数　値
$T_{hi}(t)$	高温流体入口温度	$40\,°\mathrm{C}$
$T_{ci}(t)$	低温流体入口温度	$26\,°\mathrm{C}$
r^*	目標温度	$35\,°\mathrm{C}$

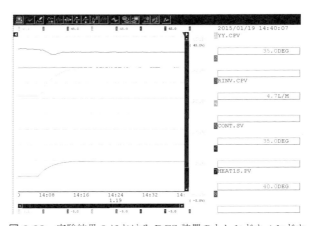

図 8.32　実験結果 3 における DCS 装置のトレンドウィンドウ

実験結果を表示する。制御入力 U_h は RINV.CPV，目標温度 r^* は CONT.SV，プロセスからの出力 y は YY.CPV である。また，高温流体入口温度 $T_{hi}(t)$ は HEAT1S.PV であり，実験の間は一定である。

実験結果 1 において，図 8.30 により，高温流体の入口温度は実験中 45 °C を維持していることがわかる。また，低温流体の入口温度は 33 °C となっている。目標温度は 40 °C で，このとき，出力温度 y は時間 t の増加にともなって，初期値の 33 °C から目標値の 40 °C に追従していると判断できる。高温流体の入口温度と低温流体の入口温度の最初の温度差が 12 °C の場合，U_h は時間 t の増加にともなって初期値の 0 L/m から 3.7 L/m 上昇し，一定となる。

実験結果 2 において，図 8.31 より，高温流体の入口温度は実験中 30 °C を維持していることがわかる。また，低温流体の入口温度は 17 °C となっている。目標温度は 25 °C で，このとき，出力温度 y は時間 t の増加にともなって，初期値の 17 °C から目標値の 25 °C に追従していると判断できる。高温流体の入口温度と低温流体の入口温度の最初の温度差が 13 °C の場合，U_h は時間 t の増加にともなって初期値の 0 L/m から 4.2 L/m 上昇し，一定となる。

実験結果 3 において，図 8.32 により，高温流体の入口温度は実験中 40 °C を維持していることがわかる。また，低温流体の入口温度は 26 °C となっている。目標温度は 35 °C で，このとき，出力温度 y は時間 t の増加にともなって初期値の 26 °C から目標値の 35 °C に追従していると判断できる。高温流体の入口温度と低温流体の入口温度の最初の温度差が 14 °C の場合，U_h は時間 t の増加にともなって初期値の 0 L/m から 4.7 L/m 上昇し，一定となる。

これらの実験結果により制御システムの良好な追従性を確認した。

〔5〕 **Control Window 上での設定変更**　「Window 起動」から「CG〜」を開くと，先ほど設定した Control Window が作動していて，値が変更できるようになっている（図 **8.33**）。

図より，DSET ブロックでは目標値 SV の部分をクリックし，入力したい定数を下の DATA に入力する。このとき，デフォルトで定められている最大値 100 以上の値を入力したい場合は，コントローラ設計の「DR0001」に戻り，変

8. DCS によるシステム環境の構築

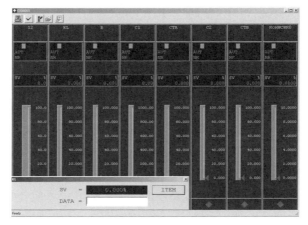

図 8.33　Control Windows での Function Block パラメータ設定

更したいブロックを右クリックして「Properties」を選択し，最大値を変更する．また，PID ブロックの P や I，ADD ブロックを減算にしたい（パラメータ $GN1$ を -1 にしたい）ときなどは，右の「ITEM」をクリックすると変更可能なパラメータ一覧が現れるので，適切なパラメータを選定して，そのつど変更する．このとき，フィードバック信号 PV，目標値 SV どちらを選択してもよい．

引用・参考文献

1) 赤木新介：システム工学—エンジニアリングの解析と計画，共立出版 (1992)
2) MathWorks ドキュメンテーション：http://jp.mathworks.com/help (2015 年 11 月現在)
3) 青山貴伸：使える！MATLAB/Simulink プログラミング，講談社サイエンティフィク (2007)
4) 小林一行：最新 MATLAB ハンドブック，第三版，秀和システム (2008)
5) 小郷 寛，美多 勉：システム制御理論入門，実教出版 (1979)
6) 天野耀鴻：やさしいシステム制御工学，森北出版 (2008)
7) 佐藤和也，平元和彦，平田研二：はじめての制御工学，講談社 (2010)
8) 佐藤和也，下本陽一，熊澤典良：はじめての現代制御理論，講談社 (2012)
9) 山本 透，水本郁朗 編：線形システム制御論，朝倉書店 (2015)
10) 須田信英：PID 制御，朝倉書店 (1992)
11) 橋本伊織，長谷部伸治，加納 学：プロセス制御工学，朝倉書店 (2002)
12) 山本重彦，加藤尚武：PID 制御の基礎と応用，第 2 版，朝倉書店 (2005)
13) 美多 勉：非線形制御入門—劣駆動ロボットの技能制御論—，昭晃堂 (2000)
14) 小林一行：ロボットモデリング—MATLAB によるシミュレーションと開発—，オーム社 (2007)
15) 小林尚登ほか：ロボット制御の実際，計測自動制御学会 (1997)
16) R. de Figueiredo and G. Chen: Nonlinear feedback control systems-an operator theory approach, Academic Press, Inc. (1993)
17) M. Deng, etc.: Operator based nonlinear feedback control design using robust right coprime factorization, IEEE Trans. Automat. Contr., Vol.51, No.4, pp.645-648 (2006)
18) S. Wen, M. Deng, S. Bi and D. Wang: Operator-based robust nonlinear control and its realization for a multi-tank process by using DCS, Transactions of the Institute of Measurement and Control, Vol.34, No.7, pp. 891-902 (2012)
19) S. Yang, K. Furukawa and M. Deng: Modeling on the fluid temperature

distribution of a spiral heat exchanger, Proc. of The IEEE International Conference on Automation Science and Engineering, Taipei, Taiwan, pp. 170-175 (2014)

20) 鄧　明聡，墧　智仁：オペレータ理論に基づくロバスト非線形制御系設計，システム/制御/情報，Vol. 58, No.11, pp. 468-473, (2014)

21) 株式会社クロセ：スパイラル型熱交換器，p. 1 (2007)

22) 日本機械学会：伝熱工学資料，p. 42 (1986)

23) 増淵正美，川田誠一：システムのモデリングと非線形制御，コロナ社 (1996)

24) P. M. Gomadam, R. E. White and J. W. Weidner: Modeling heat conduction in spiral geometries, Journal of The Electrochemical Society, pp. a1339-a1345 (2003)

25) K. Furukawa and M. Deng: Operator based fault detection and compensation design of an unknown multivariable tank process, Proc. of The 2013 International Conference on Advanced Mechatronic Systems, pp. 434-439 (2013)

26) Yokogawa Electric Corp.: User's manual, IM 33S01B30-01E, 12th Edition, March 31 (2005)

27) M. Deng: Operator-based nonlinear control systems design and applications, IEEE Press, John Wiley & Sons, Inc., Hoboken, New Jersey (2014)

索　　　引

【あ】
アナログ信号	146
アラームブロック	142
安定状態	142
安定性	130

【い】
入口の温度差	157

【お】
オペレータ	109
オペレータ理論	130
温度制御	130

【か】
回路素子	28
可視化	2

【き】
機械系	2
機能ブロック	141
逆行列	10
逆双曲線余弦	15
逆余弦	15
逆ラプラス変換	29
境界条件	130
行列転置	9
虚数単位	7
キルヒホッフの第2法則	24

【く】
グラフィックス	2

【け】
計算ブロック	141
継続記号	12
減衰比	37

【こ】
高温流体	124
恒等写像	132
向　流	127
故障診断	2
固有角周波数	37
固有値	9
固有ベクトル	9
コロン演算子	7

【さ】
最小要素	13
最大要素	13
作業用ウィンドウ	15
差　分	14
産業現場	2

【し】
次　元	2
システム	1
システムゲイン	33
システムダイナミクス環境	2
システム分析	2
四則演算	151
実機実験	141
時定数	33
自動制御	151
時不変システム	1

【け】
時変システム	1
周波数	21
出力ブロック	142
出力方程式	40
状態方程式	40
初期条件	130
初期電圧	24
新規プロジェクト	142
信号の増幅	19

【す】
数学演算	17
数値積分	13
スパイラル型熱交換器	125

【せ】
制御演算	148
制御器設計	2
制御システム	159
正弦関数	5
正弦波	5
正　則	10
静電容量	24
積分ゲイン	140
線形システム	1
線形微分方程式	29

【そ】
総括伝熱係数	130
双曲線余弦	15
測温抵抗体	125

【た】
大規模スケール	124
対話型システム	2

多入出力システム 3
単位ステップ関数 30
タンク 125

【つ】

追従制御器 133
追従性能 130

【て】

ディジタル信号 147
出口温度 132
データ解析 2
電気系 2
電磁式流量センサ 125
電磁石ポンプ 125
伝達関数 33
転置演算子 9
伝熱係数 127

【と】

同次変換 81
特性実験 150
度単位の引数の余弦 15
度で出力される逆余弦 15

【に】

入力端子 25
入力ブロック 141
ニュートン・オイラー法 88

【ね】

熱交換システム 125
熱交換媒体 125
熱交換プロセス 124
熱収支量 130
熱伝達性 127
ネットワーク 128

【の】

ノルム 110
ノルム空間 110

【は】

バックスラッシュ演算子 10

【ひ】

ヒステリシス 113
非線形システム 1
非線形フィードバック
 制御システム 134
非線形モデル化 130
ピッチ角 80
微分ブロック 151
非ホロノミックシステム 64
ヒューマンインタフェース
 ステーション 128
比例ゲイン 140
比例積分 133

【ふ】

ファラデーの電磁誘導の
 法則 126
フィードバック信号 160
フィールドコントロール
 ステーション 128
複雑なシステムの表現 17
浮動小数点の相対精度 7
フレキシブルアーム 114
プロセスエラー 142
プロセス系 2
ブロック線図 3
分散制御システム 128
分 析 1

【へ】

ベクトル間隔 8
変数 sin 6

【み】

右既約分解 112
密度関数 114

【む】

無限大 7
無効な数値 7
むだ時間 53

【も】

目標温度 139
文字列 9
モデル化 2

【ゆ】

ユニモジュラオペレータ 112

【よ】

要素単位の演算子 11
ヨー角 80
余 弦 15
横ベクトル 7
予備電源 128
予約変数 4

【ら】

ラグランジュ法 88
ラジアン単位の余弦 15
ラプラス変換 29

【り】

リアルタイム 152
離散時間システム 1
離散状態 17
流出温度 125
流動特性 127
流入温度 125
流量コントローラの設計 147
流量制御バルブ 126
流量弁 125
流 路 127
隣接要素 14

【れ】

連続時間システム 1

【ろ】

ロール角 80

索引

【B】
Bezout 等式　132

【C】
C 言語　2
clear コマンド　6
Commonly Used Blocks　17
Continuous　18
Control Window　152

【D】
DCS 装置　128
delete コマンド　6
diag 関数　9
diff 関数　13
D-H 法　82
Discrete ブロック　17
DSET ブロック　151

【E】
eig 関数　9

【F】
FCS のダウンロード　156
Function Block　147

【G】
Gain ブロック　21
get 関数　14
GUI ベース　3

【H】
Handle Graphics 変数　14
help コマンド　14

【I】
integral 関数　13
inv 関数　10
I/O モジュール　144

【L】
Lipschitz オペレータ　111
lookfor コマンド　15

【M】
m ファイル　134
Math Operation
　ブロック　17
MATLAB　2
max 関数　13

【P】
PID ブロック　142
plot 関数　6
Prandtl-Ishlinskii
　モデル　113
PVI ブロック　149

【R】
reshape 関数　7
rimote input output　129
RIO　129

【S】
Scope ブロック　21
set 関数　14
Simulink　3
　——の起動　15
sind 関数　15
Sine Wave ブロック　21
Sinks　18
Sources　19
Step ブロック　25
Sum ブロック　25
System View　144

【T】
To Workspace ブロック　21
Trend Window　153

【U】
uicontrol 関数　14
User-Defined Functions　19

【V】
V-ネット　129

【R】
RLC 回路　24

【数字】
0 次ホールド　52
1 次遅れ＋むだ時間
　システム　53

―― 著者略歴 ――

鄧　明聡（とう　めいそう）
1997 年　熊本大学大学院自然科学研究科博士後期課程修了（システム科学専攻）
　　　　博士（学術）
1997 年　熊本大学助手
2000 年　英国エクスター大学リサーチフェロー
2001 年　NTT コミュニケーション科学基礎研究所研究員
2002 年　岡山大学助手
2005 年　岡山大学助教授
2007 年　岡山大学准教授
2010 年　東京農工大学教授
　　　　現在に至る

脇谷　伸（わきたに　しん）
2013 年　広島大学大学院工学研究科博士後期課程修了（システムサイバネティクス専攻）
　　　　博士（工学）
2013 年　東京農工大学助教
　　　　現在に至る

姜　長安（じゃん　ちゃんあん）
2009 年　岡山大学大学院自然科学研究科博士後期課程修了（産業創成工学専攻）
　　　　博士（学術）
2009 年　岡山大学戦略的プログラム支援ユニット特別助教
2010 年　株式会社エスシーエー JST 研究員
2011 年　香川大学研究員
2012 年　理化学研究所研究員
2015 年　立命館大学助教
　　　　現在に至る

MATLABによるシステムプログラミング
— プロセス・ロボット・非線形システム制御からDCS構築まで —
System Programming by MATLAB
— From Control of Process, Robot and Nonlinear System to DCS Construction —
© Mingcong Deng, Chang'an Jiang, Shin Wakitani 2016

2016年4月18日 初版第1刷発行 ★

著 者	鄧　　明　　聡	
	姜　　長　　安	
	脇　谷　　　伸	
発行者	株式会社　コロナ社	
	代表者　牛来真也	
印刷所	三美印刷株式会社	

検印省略

112-0011　東京都文京区千石 4-46-10

発行所　株式会社 **コロナ社**
CORONA PUBLISHING CO., LTD.
Tokyo Japan
振替 00140-8-14844・電話(03)3941-3131(代)

ホームページ http://www.coronasha.co.jp

ISBN 978-4-339-03219-2　　（新井）　　（製本：愛千製本所）
Printed in Japan

本書のコピー，スキャン，デジタル化等の無断複製・転載は著作権法上での例外を除き禁じられております。購入者以外の第三者による本書の電子データ化及び電子書籍化は，いかなる場合も認めておりません。

落丁・乱丁本はお取替えいたします

システム制御工学シリーズ

(各巻A5判，欠番は品切です)

■編集委員長　池田雅夫
■編集委員　足立修一・梶原宏之・杉江俊治・藤田政之

	配本順			頁	本体
1.	(2回)	システム制御へのアプローチ	大須賀公二・足立修二 共著	190	2400円
2.	(1回)	信号とダイナミカルシステム	足立修一 著	216	2800円
3.	(3回)	フィードバック制御入門	杉江俊治・藤田政之 共著	236	3000円
4.	(6回)	線形システム制御入門	梶原宏之 著	200	2500円
5.	(4回)	ディジタル制御入門	萩原朋道 著	232	3000円
6.	(17回)	システム制御工学演習	杉江俊治・梶原宏之 共著	272	3400円
7.	(7回)	システム制御のための数学(1) ―線形代数編―	太田快人 著	266	3200円
9.	(12回)	多変数システム制御	池田雅夫・藤崎泰正 共著	188	2400円
12.	(8回)	システム制御のための安定論	井村順一 著	250	3200円
13.	(5回)	スペースクラフトの制御	木田隆 著	192	2400円
14.	(9回)	プロセス制御システム	大嶋正裕 著	206	2600円
16.	(11回)	むだ時間・分布定数系の制御	阿部直人・児島晃 共著	204	2600円
17.	(13回)	システム動力学と振動制御	野波健蔵 著	208	2800円
18.	(14回)	非線形最適制御入門	大塚敏之 著	232	3000円
19.	(15回)	線形システム解析	汐月哲夫 著	240	3000円
20.	(16回)	ハイブリッドシステムの制御	井村順一・東俊一・増淵泉 共著	238	3000円
21.	(18回)	システム制御のための最適化理論	延山英沢・瀬部昇 共著	272	3400円
22.	(19回)	マルチエージェントシステムの制御	東俊一・永原正章 編著	232	3000円
23.	(20回)	行列不等式アプローチによる制御系設計	小原敦美 著	264	3500円

以下続刊

8．システム制御のための数学(2) ―関数解析編―　太田快人著
10．ロバスト制御理論
11．実践ロバスト制御系設計入門　平田光男著
　　適応制御　宮里義彦著

定価は本体価格＋税です。
定価は変更されることがありますのでご了承下さい。

図書目録進呈◆